木屋考 CABAÑA

從　風土建築　到　當代建築

阿雷漢德羅・巴蒙（ALEJANDRO BAHAMON）
安娜・比森思・索蕾（ANNA VICENS）

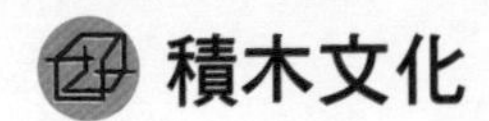

概述

阿雷漢德羅・巴蒙（Alejandro Bahmón）

「風土建築」是因應居住需求、自己動手建造的建築型態，在歷經數百年的風霜洗禮後，建造者的姓名早已無從考據，但許許多多的風土建築仍屹立至今，且頗有名氣。在遍布世界各地的風土建築之中，源自北美地區的圓木屋（log cabin）無疑是最常被複製取材的態樣之一。這種木構造住屋不僅將家宅的概念極簡化，外型一如孩子們畫筆下的小房子；同時，也成為傳統山林生活的代表符號。除了以「圓木」層疊榫接而成的典型特徵外，我們更須留意圓木屋與美國文化起源間密不可分的關係。簡樸的圓木屋可說是美洲殖民、美國邊界擴張與共享文化生成三者的關鍵元素，在某種程度上，甚至被視為一種國家認同的標竿。我們將漫遊北美地區以外鮮為人知的木屋建築，從早期歐洲移民在北美建造的木屋開始，一路跟隨拓荒者的腳步穿越北美大陸，追尋各地的木屋建築遺跡和演進。同時，我們也會透徹分析木屋型態、材料與建築工法，全盤托出木屋獨具的傳奇色彩，及其施工效率與設計靈活度兼備的特點。接著，我們將介紹各國建築師與設計師巧手下的當代木屋建案實例，看看孕育自美洲特有文化的木屋建築，是如何以多變樣貌再現重生，並持續供給當代建案源源不絕的設計能量。

風土建築與北美木屋

■ 北美圓木屋之分布

風土建築與北美木屋

北美木屋是一種獨特的風土建築類型，它以拓荒者邊境住居的粗獷形象根植於人們記憶之中。這類圓木（log）建築的建造成本低廉、施工期短、建造者姓名無從考據，充分符合了風土建築的先決概念。然而，即使看似樸質無華，「圓木屋」（log cabin）所呈現出的種種特點卻出乎意料地耐人尋味。木屋建築最初發軔於歐洲大陸，卻輾轉在數千公里之遙的北美洲開枝散葉，而其傳布並非經由世代承襲的模式，而是一種群居效應的結果。綜觀木屋建築在北美地區的發展歷程，北美木屋可說是北美多元文化折衷調和下的產物，伴隨萌茁的美國文化共生共榮。

採用圓木水平疊砌四邊而成的圓木屋，是木構造風土建築的主要類型之一，但世界各地對此類建築的研究卻著墨甚淺。值得慶幸的是，雖然在美國的境內風土建築中，圓木屋所佔比例僅是鳳毛麟角，卻未遭到冷落與漠視，反而獲得了廣泛的重視及深入研究。

事實上，直至西元十七世紀初，搭乘五月花號的拓荒先鋒自歐洲來到美洲大陸以後，木材才開始被運用於建造住屋。不過，真正將木屋建築引進北美地區的，並非是這些英國移民——他們甚至對木屋的建造技術一無所知。追根究柢，圓木屋其實是由其後來自北歐斯堪地那維亞與德國一帶的移民輸入美洲大陸，這也意味著早期北美木屋的種種特徵都帶有歐洲風土建築的影子。然而，在俗稱「舊大陸」的歐洲大陸上，卻無法找到任何一棟與北美木屋型式如出一轍的木屋，這是由於在美洲「新大陸」文化涵化的進程中，北美的木屋建築也隨之發展茁壯，逐漸成為一種獨一無二的類型。

圓木屋在美國歷史中扮演著舉足輕重的角色，這裡說的美國是指領土西擴時期的美利堅合眾國。木屋建築與法國－印地安戰爭（Franch and Indian War）及美國獨立戰爭後所形成的「美國人的生活方式」（American way of life）密不可分。隨著木屋建築在各地普及開來，一種與東岸生活全然不同的新式生活型態也逐步擴及整個美國境內。相較於其他建築類型，木屋在施工方面具有相對快速簡便的特點，成千上萬的拓荒家庭在西遷拓墾的過程中，不需隨身帶著建材跋山涉水，單憑幾件簡單工具，便能於途經森林時迅速搭建出簡便的木屋做為棲身之處。

這棟位於北達科他州的木屋為歐布萊恩（O'Brien）家族所有，照片攝於一九二三年秋天，為弗瑞德．豪茲傳德（Fred Hultstrand）攝影系列之一。

圓木屋最初是以未經加工的圓柱狀木條疊砌搭建出的單層平房，多做為臨時性用途。後來，隨著生活條件逐漸改善，許多就地安家落戶下來的拓荒者和第二代移民開始擴大運用這種圓木疊砌技術，建造出更精緻完備的大型木屋或圓木別墅（log house），來做為長期住所。在這之後，水平圓木疊砌工法的發展愈臻成熟，與早期搭建簡單臨時木屋所使用的粗陋技術早已不可同日而語，然而傳統圓木屋仍被視為北美木建築的最佳代表，其強烈鮮明的意象至今仍深深烙印在北美人民的腦海之中。

許多相關研究顯示，圓木屋的重要性除了在於身為風土建築的一類外，自十九世紀中葉起，更成為美國拓墾地帶的象徵符號。早在一八四〇年美國舉行總統選舉時，圓木屋即被用來做為競選宣傳的符號，藉以拉抬候選人威廉・亨利・哈里森的聲勢。除此之外，還有美國前總統亞伯拉罕・林肯自幼在木屋出生成長的生活背景；名著《湯姆叔叔的小屋》背後的黑奴血淚史；以及傳奇英雄丹尼爾・布恩等歷史軌跡與木屋間的相互連結，在在塑造了這類風土建築浪漫傳奇的懷舊意象。

時至今日，圓木屋背後的象徵意義仍甚為廣泛，不僅顯示北美移民為求生活與社會適應所展現出的積極行動力，還有拓荒先鋒赤手空拳打天下的氣魄，以及拓墾生活不可或缺的家族團結精神。圓木屋已昇華為一種美國人民的生活表徵，為曠野中辛勤奮鬥的拓荒者忠實記錄出他們賴以維生的儉樸生活，也為他們與險惡環境拼搏的心路歷程下了最好的註腳。

在鋸木工廠遍及美國各地後，人們終於能以高效率、低成本的方式組建木構造組合住宅，但圓木屋強大的「召喚力」，

左圖：
圖為密蘇里州的一棟木屋，曾經拆解後再以樹齡百年的木建材重新搭建還原。

使其仍深受民眾青睞，也因此能力抗鋸木業的大舉興起，自始自終保有一席之地。近兩百多年以後，木構造建築的風潮再度興起，但這些新式的木屋多採行工業化預製模組的構法，與當年拓荒者為墾荒搭建避難木屋的原始精神已相去甚遠。

這棟建於十九世紀初的木屋是林肯總統出生之處，現保存於其新古典風格的陵寢內。

飄洋過海的木屋建築

圓木屋的出現最早可追溯至史前時代，當時，世界各地都有零星分布的圓木屋，特別是在氣溫偏低的茂密山林間。北歐斯堪地那維亞地區、俄羅斯、東歐、中歐、黑海、西藏與日本等地，由於氣候嚴峻、林產豐富，也能見到這一類風土建築的蹤跡。

波蘭境內仍保有現存最古老的木造建築遺跡，自西元前八世紀留存至今。早在鐵器時代，相當於現今俄羅斯、北歐與中歐境內的林地居民，就已採用水平圓木疊砌及嵌榫工法，搭建出單一格局的木構造小屋，可謂是北美木屋的前身。

由於歐洲移民多習於興建木造住宅，在他們大舉移民美洲後，圓木屋與木桁架屋（half-timber house）便隨之遍布北美各地。這兩類建築對於因應人口激增所衍生出的居住需求，特別是在一個林木資源

中圖與右圖：
美國總統選舉的競選宣傳版畫，圖中以木屋與蘋果酒做為象徵，藉以彰顯候選人威廉·亨利·哈里森敦厚樸實的形象。

左圖：
繪於一八七四年的彩色版畫，圖中描繪傳奇英雄丹尼爾．布恩為保護妻兒與印地安人搏鬥的情景。

右圖：
這棟木屋位處阿拉斯加，為立陶宛移民洛伊．福雷（Roy Fure）所有，透過這張圖片我們可清楚觀察二十世紀初歐洲移民純熟的木構造建築技術。

極其豐沛的國家，是再適合不過的住屋類型。

比起木桁架式構造的建築，圓木屋更能適應美國邊境的嚴峻氣候，前者雖然較省材料，但施工難度較高，也難以防寒或抵禦蠻荒環境中的種種險惡。

北美地區的首批木屋是由芬蘭與瑞典移民所建造，西元一六三八年起，他們開始在德拉瓦河河谷一帶落腳，並搭建木屋做為臨時住所。這些於草創時期搭建的木屋，以未經雕飾的圓木做為主要建材，搭配粗簡的榫接工法，拼裝出簡陋堪用的門窗，而應急用的煙囪內層以灰泥與木料搭蓋，外部再用樹枝、砂土或厚木板加以包覆固定。在外觀上，這些簡樸的木屋固然遠不及歐陸木屋來得精緻美觀，卻更能呈現出傳統北歐木屋的古樸樣貌。十八世紀起，隨著德國移民與愛爾蘭教士等人開始定居於賓夕法尼亞（Pennsylvania）一帶，原本樸拙的木屋樣貌，開始融入來自不同文化的建築傳統，逐漸在型態上產生變化及改良。

歐洲移民遷入後，哈德森河與德拉瓦河河谷逐漸形成民族熔爐般的交流場域，在此，各種不同的歐陸木屋型態匯流為一股木構造建築進化能量，並持續加速進展茁壯。相較於過去在歐陸發源地的發展情形，北美木屋的進化脈絡較為錯綜複雜。然而，為力求施工簡便性與低成本考量，原先各種歐陸木屋獨有的建築特色往往不得不被迫捨棄。

北美洲東岸並非唯一的木屋集散點，

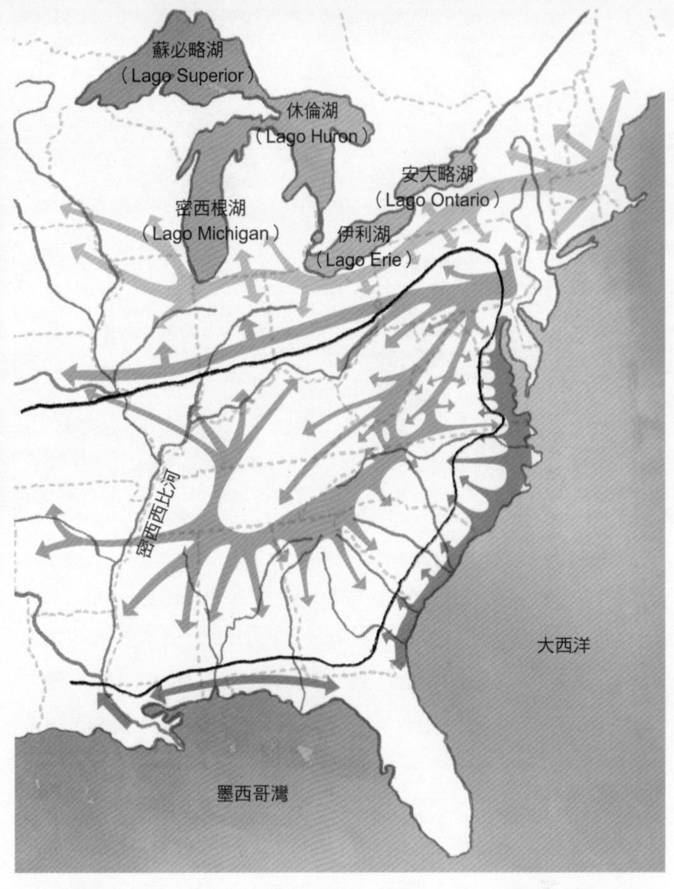

建築工法的傳布

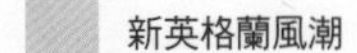
新英格蘭風潮

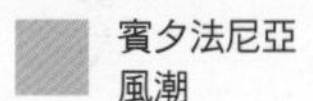
賓夕法尼亞風潮

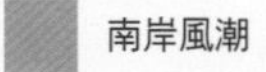
南岸風潮

一八五〇年的木屋建築分布範圍

在俄羅斯佔領阿拉斯加（當時被稱為俄屬美洲）期間，俄人也在當地建造了許多木屋建築。西元十八和十九世紀間，俄羅斯人陸續在北美太平洋岸定居，並興建各種店鋪、住宅以及教堂建築。整體而言，比起美洲東部拓荒者，俄羅斯人的木構造建築技術更為精細，他們大多運用稜柱型或圓柱型圓木搭建出多隔間與樓層的木屋，住宅外部更以金屬薄板包覆加固。後來，在十九世紀淘金熱的推波助瀾下，南方的美洲新住民開始朝阿拉斯加遷移，間接促使兩種不同的木構造建築風潮匯聚，而圓木屋也因之逐漸在阿拉斯加當地普及開來。阿拉斯加育空地區最古老的城市瑟科市（Circle City），在一八九五至一八九七年間甚至被認定為全世界圓木屋最為密集的城市。

開疆闢土

歐洲拓荒者在北美的迅速擴張止步於阿帕拉契山山腳之下，直到西元一七七五年，探險家丹尼爾．布恩打通林木茂密的坎柏蘭峽（Cumberland）後，才得以繼續推進。法國－印地安戰爭告終後，拓荒者們終於能夠在一七六〇年首度跨越密西西比河，攜家帶眷朝洛磯山脈遷徙，而為了抵禦印地安人的突擊，他們大多成群結隊，以旅行車隊的形式集體行動。一七八三年美國獨立，這意味著將有更多處女地可供拓荒者前往開墾，直到一八五三年，拓墾終於告終。觀察整個美國拓荒的歷史進程，胼手胝足的拓荒者一共耗費了 150 年的光景，才從東岸普利茅

左圖：
北卡羅來納州印第安保留區內切羅基（cherokee）部族的印地安人和他們的小木屋。照片由人類種族學家詹姆斯．穆尼（James Mooney）提供。

右圖：
位於美國南部阿拉巴馬州的一棟木屋，為一戶從事棉花種植的黑奴家庭所有。照片攝於一八八八年。

斯（Plymouth）拓墾至西邊的阿帕拉契山脈，後來，朝密西西比河一帶移居的大規模遷徙行動又耗時五個世紀。另外，為了在美國境內另外三分之二的地區進行殖民，則又耗費了長達50年的時間。

一八六一年南北戰爭爆發前不久，圓木屋的分布範圍已從紐約拓展至佛羅里達，最西則可達到拓荒者家族行跡所至之處。從此以後，圓木屋技術的應用範圍更加廣泛，除了荒郊野地中的木屋外，也用於興建領土邊陲新興城市中的學校校舍、教堂、穀倉、郵局、客棧、酒館與菸草乾燥廠等建築。

在拓荒者佔據土地的過程中，往往依循著一種固定模式。具體來說，當一個拓荒者家族來到他們的「應許之地」後，他們必定先選定一處基地，然後開始伐木工作，並用砍下的木材搭建木屋，做為初來乍到的落腳處。懷抱著對未來的憧憬，拓荒者不斷舉家西遷，但他們心中非常清楚美好的未來仍然遠在天邊，近在眼前的艱苦困頓必須先一一克服。與大自然爭地討生活乃是拓荒者生活傳統的根基所在，在美國文化當中也扮演著極具份量的角色。

值得注意的是，並非只有來自歐洲的拓荒者才選擇圓木屋做為房舍。十八世紀起，土著受到歐洲移民人口在北美大舉擴張的影響，被迫放棄原有的游牧生活，開始擇地定居，也仿效歐洲移民著手建造圓木住宅。同時，基於成本低廉與施工便利的優點，在美國南方從事農耕的黑奴也紛紛搭建起圓木屋。

在開墾足跡從阿帕拉契山脈緩步擴及太平洋岸的百餘年間，拓荒者擺脫了歐洲移民的身分，成為真正的美國人。在甫經開墾的新據點，人們大多不太在意其他居民的原始國籍，跨文化通婚的情形也相當普遍。對歐洲移民的後代而言，祖傳血脈的重要性日漸淡薄，因為他們已自視為土生土長的美國人。這種國族認同的轉變，對北美木屋的外觀型態也造成顯著的影響，原因就在於木屋建築型式與特定人種、民族間既有的直接關聯性已不復存在。因此，即使周遭環境與可用建材大同小異，木屋建築外觀最終仍取決於每位建造者本身的品味與靈感創意。這種文化涵化的過程稀釋了文化認同的強度，最初在斯堪地那維亞與德國建築傳統的影響之下，北美木屋應運而生，後來又經愛爾蘭長老會教士與其他族群文化修正微調。當拓荒者的開墾範圍擴及全境後，美國獨有的綜合風格也表現在各地興修的木屋建築上，沒有任何一棟木屋能被清楚歸類到底屬於哪種特定的國家文化。

拓荒年代後的木屋發展

美國境內各地新興聚落的出現，帶動鋸木工廠蓬勃發展及運輸條件的改善，也連帶使得如框組壁工法等更為迅速簡便的新式建築技術盛極一時。即便如此，二十世紀初以前，農村地帶的外來移民仍多半選擇圓木屋做為最初的棲身之所。

十九世紀末，圓木屋逐漸式微的同時，適逢浪漫主義運動萌芽。在浪漫主義的推波助瀾之下，荒野中遭世人遺忘許久的傳奇木屋再度掀起一股浪潮。首例即為一八八〇年代末，於紐約州阿第倫達克山的露營地（Great Camps）園區內所興建的木屋群。呈現鄉村住宅風格的木屋採用實心圓木打造，供當時的中產階級家庭度假休憩時租用，其靈感來自於拓荒先鋒丹尼爾．布恩或大衛．克羅特的傳奇故事。

左圖：
寧靜湖俱樂部附設的森林湖活動中心，位於紐約州北部阿迪倫達克公園內的明鏡湖湖畔。

右圖：
美國中部黃石自然公園內的羅斯福小屋。

這類木屋後來被廣泛仿造複製，在美國各地的度假村與遊憩中心都極為常見。

數十年以後，在經濟大蕭條期間，木屋建築所象徵的正直與公民自豪感也展現在羅斯福總統為降低失業率所祭出的新政上。這項政策透過以工代賑的方式，派遣數以千計的短工投入建造國家公園園區內的木屋、山林巡守站與瞭望臺等建築工事。後來，在六〇與七〇年代間，由於標榜重返自然、號召回歸自給自足的生活模式受到大力鼓吹，木屋建築因而得以重回舞台。近數十年來，拓荒者風格的住宅美學再度興起，促使大規模生產圓木屋的廠商在美國各地積極拓展商機。

近年來，美國各地成立了許多以拓荒為主題的博物館，對於十八及十九世紀圓木屋的維護保存極有建樹。事實上，有許多早期聚落的木屋建築至今仍保存完好，只不過這些建築經常藏在木板與灰泥敷面之下，所以屋主往往是等到房屋整修時，乍見暴露在外的原始圓木牆，才驚覺自家住宅竟然也有著不為人知的光榮歷史。

邊境生活

所謂的美國邊境其實是個動態的概念，因為直到一八五三年大部分領土併入美國疆域以前，拓荒者乃是以漸進方式朝美國西方及南方開疆闢土。在新阿姆斯特丹（即現今紐約）建城近 70 年後的一六九〇年，美國疆土仍限於新英格蘭地區、哈德森河沿岸與分布於維吉尼亞一帶

的零星聚落所在。當時人們認為超出短管毛瑟槍射程外的地方即為邊境。當拓荒者家庭帶著所有的家當、禽畜踏進未知的土地，並決定就地安家落戶後，他們便趕忙修築一棟圓木屋，好儘快有個遮風避雨的小窩。在無人之境落腳的拓荒先鋒往往只能靠一己之力搭建整棟木屋，或頂多仰賴同行家人的協助；不過，當數位拓荒者聚居在同一地方時，建築工事便轉變為一種社會行為，而圓木屋也成為一種團隊合作的成果。

由於邊疆地帶危機四伏，因此建造木屋的首要考量就是其安全性與防禦功能。在艱困的拓荒時期，圓木疊砌的厚實屋牆上通常不設窗戶，以抵禦盜匪的子彈和印第安人的箭鏃攻擊。早期的圓木屋確為貨真價實的防禦工事，外牆覆蓋的黏土敷面在乾燥凝固後，能形成弓箭無法穿透的堅實牆面；許多木屋屋內甚至設有地下掩蔽空間，供婦孺藏身之用。後來，隨著邊境地帶居住人口逐漸增加，拓荒者們終於得以擺脫單打獨鬥的生活，他們將木屋群以圍樁圈起，藉此保護人身財產安全，降低遭印地安人突襲所造成的死傷風險。

在邊境地帶的極端氣溫下，圓木屋的厚牆結構展現出極佳的氣候適應性。若屋角的木材嵌榫確實，且圓木橫條間接合得宜，厚實的牆面便可有效調節氣溫，形成冬暖夏涼的室內環境。但拓荒者並不僅僅將木材用於建造自家住宅，而是將其視為拓荒文化中的重要支柱，舉凡牲畜圈、棚屋、穀倉、晾曬場、教堂、法庭與監獄等場所，甚至自家範圍內的柵欄、家具、日常器具等皆以木材做為原料。

邊境地帶的木屋通常只用來當作暫居

左圖：
俄亥俄州德通市（Dayton）的第一棟木屋建築，為紐康酒館（Taberna Newcom）舊址所在，現位於該市市中心的凡克萊夫公園（Parque Van Cleve）內。

右圖：
納許堡（Fuerte Nashborough）木屋建築的複製品之一，興建於一九三〇年，位在田納西州納許維爾（Nashville），該建築重現了早期拓荒者搭建木屋時所使用的結構技術。

的棲身之所，提供拓荒者起碼的安全與生活所需，很少被當作永久性的住宅。這種情形一直持續到後來各地鋸木廠林立，建造大型木構造住宅所需的建材才有了供應來源。

倘若農作豐收，拓荒者便有餘裕考慮是否擴建住宅的側翼或加蓋樓層，甚至在原有的主屋旁另外建造一棟規模更大的從屋。相反地，如果他們殷殷期盼的好日子仍遙不可期，拓荒者家庭只得退而求其次，僅對木屋內外進行小規模的翻修，像是在日曬雨淋的斑駁圓木外側釘上厚木板、拓寬門窗、使用毛材修整木屋外觀，或是以木板或灰泥繕修室內。一般而言，經過兩、三年的開墾以後，拓荒者和家眷便會將土地售出，並繼續往西部遷徙，追尋更美好的生活。

拓荒生活不僅造就了拓荒者的性格，也形塑出美國文化的精髓。有幾項文化特徵值得注意——由於身處險惡的蠻荒環境下，群體中的所有成員都必須盡竭盡所能、同心協力，造就了拓荒家族成員間緊密的革命情感。每個家庭不僅是生產單位，同時也是消費單位，不同年齡層的成員都必須各司其職，貢獻己力。另一方面，在拓荒年代，人們對外地人與新鄰居極為熱忱以待，這是由於拓荒者必須與整個社群團體建立起緊密的聯繫，確保相互扶助的團結精神。整體而言，拓荒生活所代表的，即是人與自然環境中的種種障礙相互抗衡，並以自給自足的方式謀生，這種生活模式不僅造就了人們獨立自主的個性，也賦予其果敢堅毅，勇於超越挑戰的心性。

關鍵三要素：土地、建材、工具

建造木屋，首要考量的就是地點。陽光與風經常是影響建築座向的關鍵。為使房屋在晨間也能獲得充分日照，多偏好面朝東方的設計，但有時由於氣候嚴峻的緣故，能保護住宅免因天候因素受損的山腳處反而更適合人居，還有些拓荒者偏好在毗鄰溪流或道路的地方安家落戶。無論拓荒者選擇在何處落腳，都必須遵循一個基本前提，也就是將木屋建築在可充分受日照曝曬的地方，以防範圓木因大雨受潮腐朽。除此之外，木屋基地上所有伐木後留

以木材做為房屋的主要建材時，基地優劣與施工者的經驗豐富與否，都會直接影響建築品質。

下的樹木殘根也都必須清除乾淨，以免日後基礎因樹木長出而受到影響。

木材是兼具彈性與韌度的理想建材，可耐受壓力與脹縮。這些特性使得木材不僅適合用於建造建築物的主體結構外，也可用以鋪設地板，或製作樓梯、鑲板、門、窗及家具等物件。在選擇搭建木屋所需的樹材時，施工者應尋找表面平直、樹幹橫剖面直徑均等的樹木，樹齡老及樹結少者尤佳。在最理想的情況下，砍伐下來的圓木應施予至少 6 個月的乾燥期，才能避免木材綳裂。不過對於拓荒者來說，由於他們急需一個可以擋風避雨的容身之處，因此木材的乾燥步驟往往被省略。

決定好建材所需的樹木後，施工者便依據擬建造的木屋規模大小，砍伐下適當長度的樹幹，再運送至選定的建屋基地。在木料的使用上，圓木不經去皮即可直接使用，但也可視木屋設計的精緻度與建造者的技術，決定是否鋸除圓木兩面或四面的樹皮。削成方柱狀的樹幹有利於精準嵌合，並減少填補圓木縫隙的後續補強工作。不過，在邊境地帶建造木屋時間緊迫又缺乏人力，因此所使用的建材多半都未經去皮加工。

一般而言，一塊好的圓木料，直徑須達 30~40 公分寬、長度 7.5~9 公尺長。理論上，板栗樹、橡樹、胡桃木、楊樹與杉木等樹種都是上乘木料，但實務上拓荒者不可能捨近求遠，他們往往就地採用附近容易取得的木料。此外，有些人會避免混用不同的樹種，也有部分人偏好選用橡木等較強韌的樹種來搭建基座，再搭配楊樹一類質地較軟的木材來鋪疊外牆上部。

基本上，斧頭可說是拓荒生活中唯一且必要的工具，舉凡整地、造屋、搭建圍籬、砍劈柴薪等各項工作都少不了它。雖然只要有斧頭就能夠建造出簡易的木屋，但若想建造更精緻的木屋，仍得仰賴鋸子和鑽頭等其他輔助工具才行。

支撐木屋用的岩塊不僅能維持建築物的水平，還可防範白蟻。

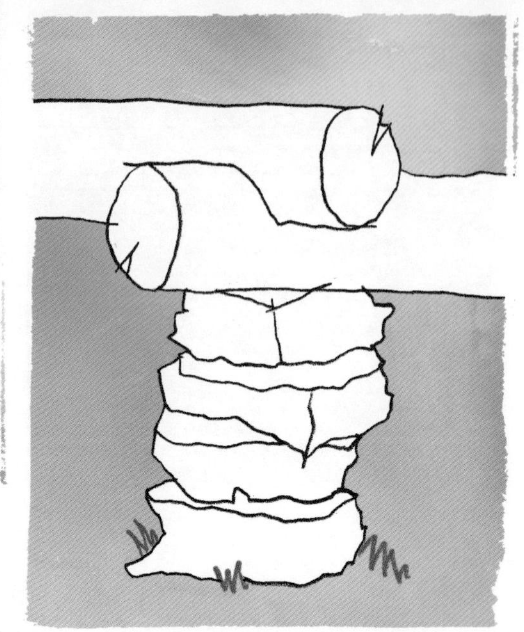

基礎的細部。

按部就班蓋木屋

邊境地帶的木屋通常都建造地很倉促。據說，曾有三人合力在兩天內完成伐木、運木，並建造出一棟設有煙囪的無隔間木屋的記錄。若為一人獨立施工，估計約需 1~2 週的施工期，但這種木屋多半規模不大，因為在缺乏助手的情形下，施工者很難水平堆疊出超過 6 根圓木高度的牆面。另外，每棟圓木屋的樓層數可能不盡相同，但基本上，幾乎所有木屋的單層樓板面積都是 4.8×5.4 公尺大小的矩形平面。較為簡陋的木屋內部沒有隔間，配備好一點的木屋會設置窗戶，甚至還有閣樓。

倘若要建造的是有基礎的木屋，那麼在備妥圓木後，隨即就要進入建造基礎的階段。基於當地氣候條件與木屋的預估使用時限，房屋品質、建材用料以及房屋格局配置都會有所不同，因此施工技法也必須隨之調整改變。最常見的基礎工法包括：將扁平石塊接連排列為一直線；以粗糙石塊、小岩塊、圓木疊砌為柱狀；或直接將橫木或基石固定在坡面上等。採用前面兩種工法時，必須在基礎上交疊兩根橫木，而位於長邊下方的圓木通常會比短邊下的圓木來得更重。柱狀的基礎能克服高低不平的坡地，亦能有效防範白蟻與濕氣侵入上方的木造住宅。

再者，由於煙囪通常是木屋建築中最先施工的部分，因此在下一個步驟中所要考量的，就是煙囪的形式與位置。煙囪完工後，才沿著煙囪外緣進行木屋外牆的圓木條嵌合作業。另外還有一種方式，就是在疊砌外牆時，預留出煙囪所需的空間，之後再回過頭來補建煙囪的部分。大多數得以保留至今的煙囪多為石材或磚塊砌造

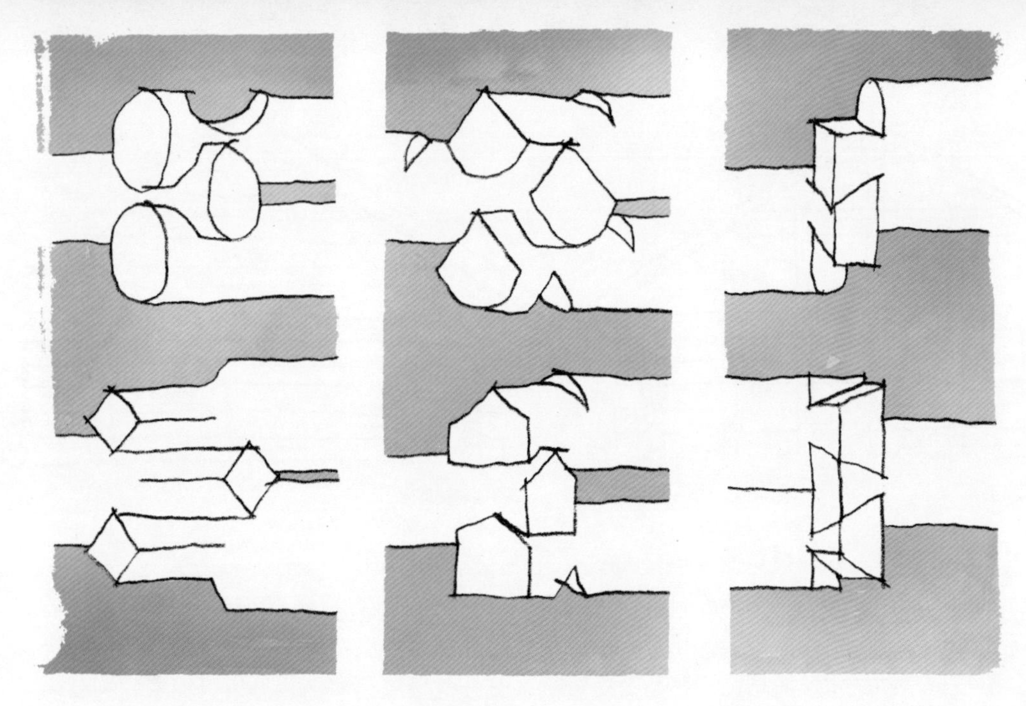

各類榫接細部。

而成，但最基本型的煙囪其實是先以木材作出輕量骨架後，再覆以黏土。在氣候嚴寒地帶，木屋的煙囪通常設於住宅室內，但美國南方的木屋煙囪則緊連著屋外的圓木外牆。設於室內的煙囪也有著各種不同的配置方式，有些設於屋內的角落，有些則設於屋脊兩端，或室內中央區域。

基礎的有無會對鋪設地板造成影響，而地板材質的種類則取決於木屋本身的預估使用期限。在沒有基礎的情況下，可以把屋內的砂土踏實就成了現成的地板；但通常拓荒者仍然會在地板主樑框架，以及與橫樑嵌合的小樑木上鋪設木板。有些拓荒者施工時，則習慣先行著手外牆與屋頂的工程，再鋪設地板，以免雨水破壞、妨礙工程進行。

若採取先行建造煙囪的程序，則完成石砌煙囪後，便須開始以圓木疊砌外牆。木屋外牆的高度一般相當於 6~8 根圓木水平層疊的高度。長度最長且表面最為平直的兩根圓木料用作橫樑或主樑，與基礎貼合的那面必須削切，以確保整體結構的穩定度。堆疊圓木時，木料頭尾應呈相反方向，也就是說底部直徑最寬的圓木必須與另一頂端最細的圓木相堆疊。這是在建造外牆的整個過程中，都必須遵循的施工原則，如此一來，每一面牆的高度才能達到一致。接著，便由木屋的短邊開始著手依序榫接圓木，搭建外牆，並於牆角處進行榫接固定。在外牆的圓木堆疊到相當於腰部的高度時，就必須準備裁切門框與窗框。木屋的大門門板通常以厚重的木板製

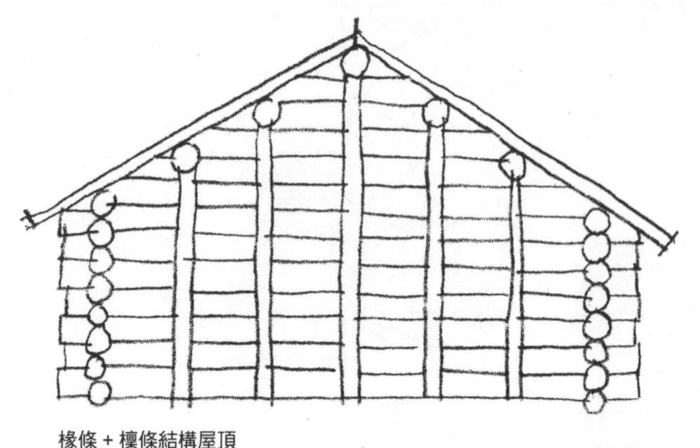
椽條＋檁條結構屋頂

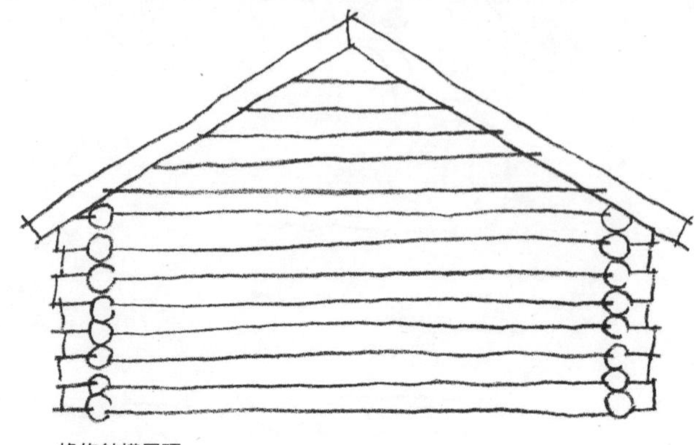
椽條結構屋頂

屋頂的建築型式
1 椽條
2 脊樑
3 承重柱
4 檁條
5 圓木斷面
6 圓木椽條

成，而門後的鉸鍊材質多為木材或獸皮。然而，最早期的木屋並未設有窗戶，後來木屋開始設置對外窗以後，拓荒者由使用獸皮或滑軌式木板遮蔽窗戶逐漸改採紙糊的方式，直到十九世紀玻璃開始量產普及後，木屋建築的窗戶才改為安裝玻璃。窗框與門框上緣的高度大致相同，待門窗裝設完成後向上堆疊最後兩根圓木，外牆的搭建便告完成，接下來就可著手在室內搭設閣樓，以便增加可用空間做為臥室或儲藏室。

圓木屋最具特色之處，便在於毋須使用釘子或其他固定物，只憑屋角的榫接，就可有效確保整體結構的穩定度與堅固性。依據工法複雜程度的不同，圓木榫接的方式與形狀也大異其趣，從簡易的橢圓形或半球型、常見的三角型，到更為精緻的鴿尾型等。在圓木的兩端上方或下方雕刻出榫槽及榫頭，使圓木在垂直相交時，可精準榫接嵌合。在拓荒地帶，依據施工者的技術、即興靈感，以及手邊的工具與可用建材等因素，不同的接合型態經常交互或合併使用。

當嵌榫的精確度愈高，圓木間的縫隙就愈小，但在外牆搭建完畢且圓木經過充分乾燥以後，仍然必須對圓木間的縫隙進行充填，以免木屋建築遭受害蟲侵襲，或因惡劣天候受損。拓荒者通常會先以木屑與小鵝卵石填塞，再混合牧草或苔蘚覆蓋其上，最後塗上一層黏土做為防護。不過，如此繁複的充填手續卻維持不了多久時間，大約每過一季就必須重新再填補一次。

在門框與窗框上置放最後一根圓木以後，接下來的工作便是搭建屋頂。屋頂在整體木屋建築之中，是另一個能依據可用建材調整或變更設計的部件。圓木屋的屋頂外部多採斜度不大的山型雙斜型式。在屋頂骨架上，最常見的則是椽條＋檁條結構以及椽條結構。椽條＋條屋頂結構的特徵在於多了數根與屋脊平行的橫樑，支撐在山牆之間；而椽條屋頂結構，則是單以與屋脊垂直相交的斜向短樑排列而成。屋頂骨架完成後還必須安裝木板做為基座，

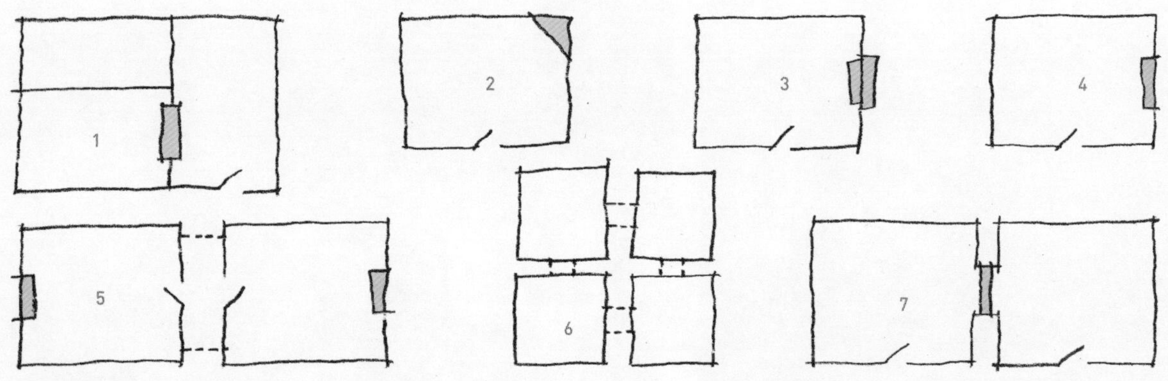

不同的木屋格局

以便鋪設邊材、平瓦或其他像是樹枝、麥桿或木板等較為粗簡的屋頂鋪材。當拓荒者們需要將樑木抬上屋頂施工時，他們通常會將兩根圓木靠牆斜放，當作斜坡道來使用。

木屋完工前的最後加工修飾仍會因為建造者的施工經驗與工時多寡而有所不同。木屋外牆可利用石灰塗白，或者用木板或灰泥覆蓋，這麼做往往是為了表示屋主身分改變，或使主屋建築與加蓋的部分在外觀上協調一致。而內部除了可保留圓木牆原始的粗獷樣貌外，也可加以修整美化。一般而言，完工度較高的木屋內部通常會鋪上以灰泥、紙或布料包覆的板材，以增加美觀度。

基本型木屋之進化

以 5.4×4.8 公尺的基本方正格局做為原型，木屋建築後來在內部格局以及成屋外觀方面，都逐漸發展出各種不同的型態。許多木屋增加了內部隔間，或者增建了外部從屋。最常見的屋型可分為 3 種，

右圖：拓荒者採用最多的屋型，是以煙囪或門廊置中，而兩間房屋分占左右的配置方式。

此棟建築物位於新墨西哥州的提普頓維爾（Tiptonville）農莊內。本照片為攝影師Donald W. Dickensheets所有。

分別為歐陸型、雙併或稱鞍袋型，以及有頂走廊型。歐陸型木屋的內部配置是以爐竈為中心，將原有的單一空間隔出三間格局方正的房間；雙併型或鞍袋型木屋指的是共用中央煙囪的兩房式木屋；有頂走廊型建築則是指以中空長廊連接的兩間木屋同在一長屋頂之下。除了格局和外觀走向多樣化外，拓荒者在與不同文化頻繁接觸以後，也開始嘗試採用新的建材，例如以美墨邊境一帶的木屋，就經常使用土磚來填補圓木間的縫隙。

簡樸、務實與粗活

圓木屋雖然外觀簡樸、內部空間狹小，但能將重重險惡隔絕在外，提供拓荒者一個擋風遮雨的歸宿，因此在拓墾地帶仍是極受歡迎的建築型態。基於高度勞力需求，拓荒者家族往往是兒女成群、人丁興旺，因此在最拮据的情況下，所有家族成員只得擠在僅僅25平方公尺大的空間中生活，幸好屋外檐廊的空間還能稍稍紓解夜晚就寢時屋內人滿為患的窘況。美國

木屋建築的室內陳設為住戶生活風格的展現。從木屋內部空間可清楚看出木屋建築的工藝技術。

境內大部分的地區冬季嚴寒，用來燒水煮飯和維持室內溫度的煙囪是生活中不可或缺的配備，一直到十九世紀中葉，現代化的廚房設備才開始量產。

木屋內部的各項配備多半以簡單、實用為原則。遠從美國東部舉家向西遷移的拓荒者，以馬車載運碗碟、湯勺、時鐘、紡車、燭臺、墨水、聖經，以及取火用的火絨等較為值錢的家當。而長凳、桌椅與床架等家具則由拓荒家族大家長親手打造，以未經塗飾的木材製作加工。木屋的室內照明相當微弱，在蠟燭取得不便的情況下，拓荒者家族往往只能點燃松枝火把或依賴從煙囪爐坑透出的火光。至於屋內的裝飾，充其量只有火槍、獵刀及懸掛在牆上的各種器具，不過，隨著長期棲居異地，拓荒者在裝飾風格上經常會受到當地土著文化的影響，因此也經常將納瓦霍族或其他土著部族的彩色織布用於妝點室內空間。

圓木屋最惱人之處就在於圓木間縫隙出沒的蟲子。即便再怎麼努力填塞圓木條接合處的空隙，填充物都會隨著時間風化碎裂，使得強風、雨水和雪最後都會灌進室內。除此之外，若無對外窗設計，則空氣難以流通，形成室內溫度極端化，不是嚴寒就是酷熱。

姑且不論實際居住上的種種不便，圓木屋為拓荒者家族解決了遮風避雨的緊急需求，在邊境荒地裡算得上是再好不過的住居選擇。若沒有圓木屋提供庇護，拓荒者恐怕也沒有勇氣深入北美境內未開發的森林進行開墾。圓木屋雖結構簡單，卻因為融匯多種傳統文化，已發展成為獨具特色的建築型態，能賦予拓荒者便於隨時遷徙的高機動性。毋須廣博的知識或雄厚的資本，單憑幾件簡單的工具，每位拓荒家族的大家長都能在短短幾天之內搭建出一棟圓木屋。在農牧地中的圓木屋庇護下，拓荒者不僅征服邊疆開啟新生活，同時也為這個以木屋發跡的殖民國家寫下可歌可泣的史詩篇章。

從風土建築到當代建築

現今許多建築師經常有意無意地從北美木屋建築汲取靈感，並將其元素融入到他們的現代創作之中。接下來的內容將介紹一系列來自世界各地的設計案，這些精選建案透過不同的形式呼應或重新詮釋傳統圓木屋住宅。

以下圖示可供讀者快速辨識各個建築案例的特徵，包括北美木屋的建築元素如何被重新詮釋；新式結構設計如何重塑木屋的外型；建造過程與選材；甚至是綜合以上各種特徵的建築特色。因此，接下來在各個建案介紹的首頁將會分別出現一至三種如下的圖示，以協助讀者辨認各建築案例之特性。

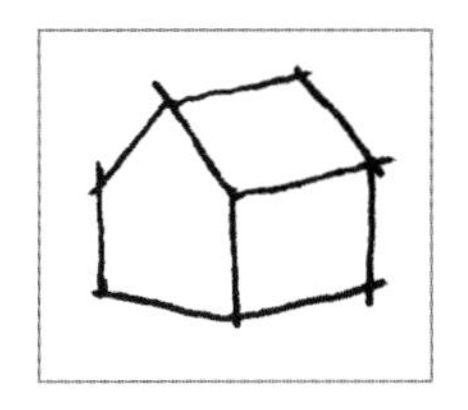

型式

矩形平面為建造木屋建築最為迅速簡便的樣式，雙斜式屋頂則可避免雨水或雪堆積。

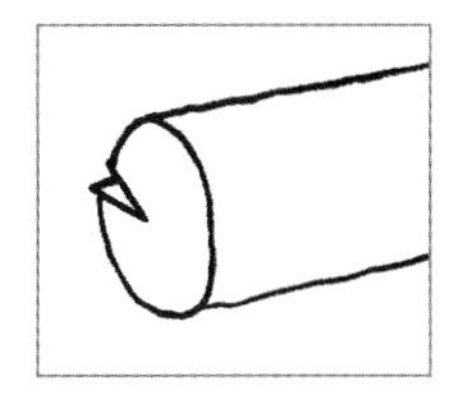

建材

圓木為兼具彈性與韌度的建材，盛產於整個北美地區，且具有便於運送及可獨立作業等特色。

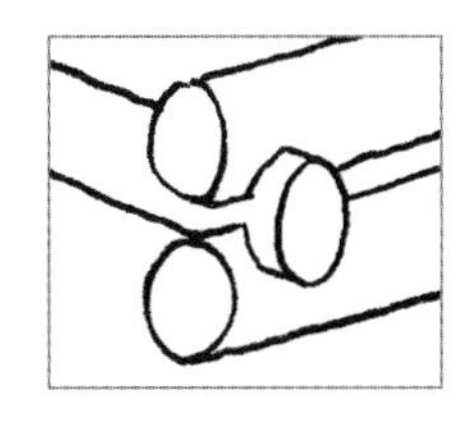

建築程序

四角榫接的工法所需施工期短，可大幅提高施工效率，亦方便往後擴充改建，且毋須大量工具輔助即可完成。

奧司加之家（CASA HAESEGAT）

設計者：BURO II bvba 與 BURO Interior bvba 建築師事務所

地點：比利時羅斯勒（Roeselare）

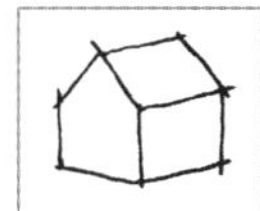

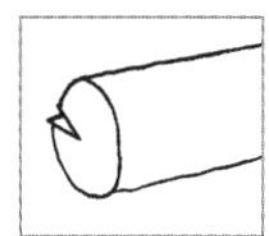

建案類型：獨棟住宅

面積：310 平方公尺

建造期程：12 個月

完工年份：2005 年

照片版權所有：Kris Vandamme/Koen Vandamme

奧司加之家座落於北海附近充滿田園詩意的佛蘭德斯平原上。BURO II 建築師事務所巧妙利用周邊景致，自鄰近的山丘與牧場擷取靈感，以延伸周邊自然環境做為發想，構思出整體建案的設計概念。這棟現代化的鄉村住宅建造在原本荒廢的農舍基礎之上，除了保留原本的座向，在型式上同樣也仿造了原先的建築。

矩形的樓面展現出純粹、簡約的典型。雙斜式的屋頂覆蓋著一整面整齊排列的等寬木條，乍看之下，密集的木條設計似乎不容許一絲光線透射進室內。但實

際上 BURO II 的建築師團隊在規畫建案時，特意將屋頂外部鋪設的等距木條向兩端延伸，形成了日照可及的細窄檐廊。轉進屋內，純白色的家具及牆面與深色調的板岩地面形成強烈對比，形成一種外觀上仿擬傳統木屋結構，室內卻呈現出現代極

配置圖

簡風格的古今並置的趣味。

建築師採用木材與混凝土來建造奧司加之家並非偶然，而是因為這兩種材料乃是當代鄉村建築的經典建材。透過這個建案，基地上原有的農舍廢墟也一同加入追求傳統與現代化合交融的行列。傳統木屋的內在邏輯清楚地表現在建案外觀，而室內空間則被賦予新的個性。

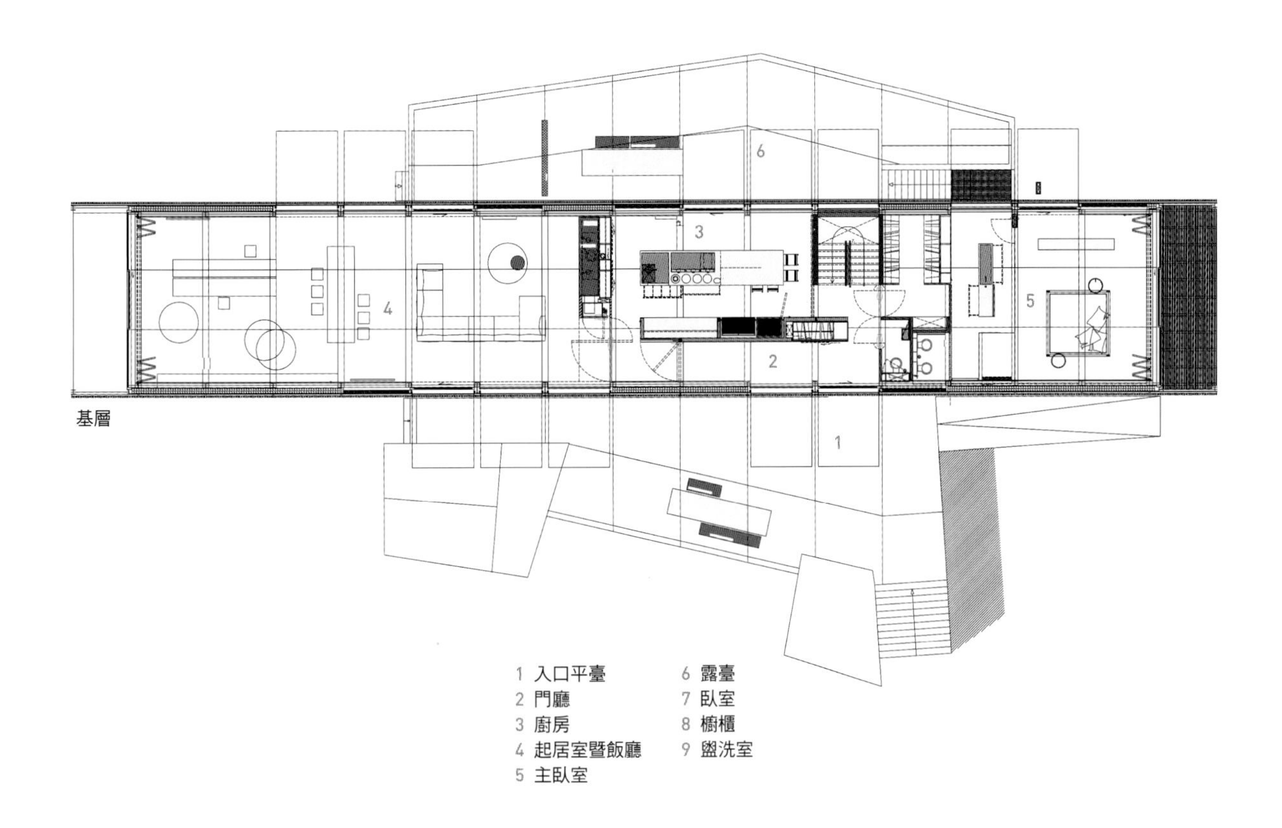

基層

1 入口平臺
2 門廳
3 廚房
4 起居室暨飯廳
5 主臥室
6 露臺
7 臥室
8 櫥櫃
9 盥洗室

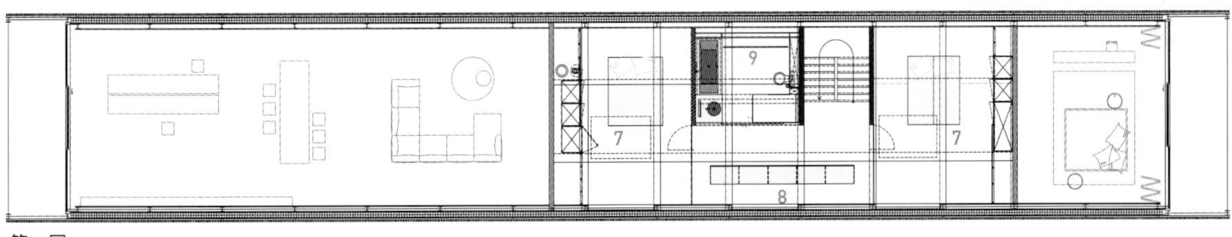

第一層

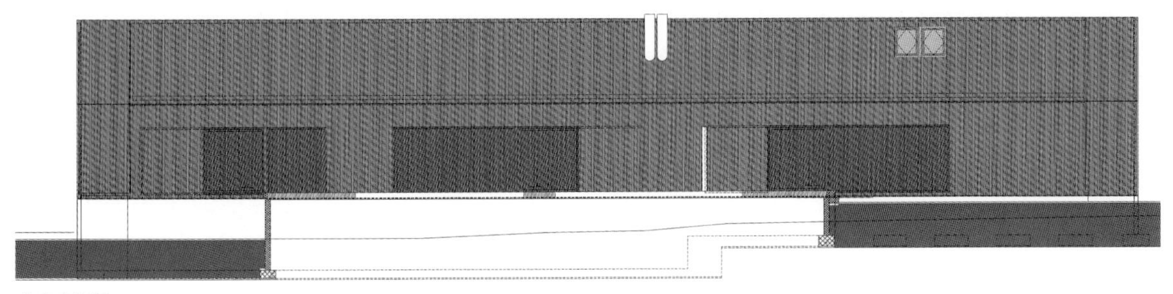

北向立面圖

建築師利用混凝土結構塑造出簡潔對稱的室內空間，藉此呼應原有的農舍建築。

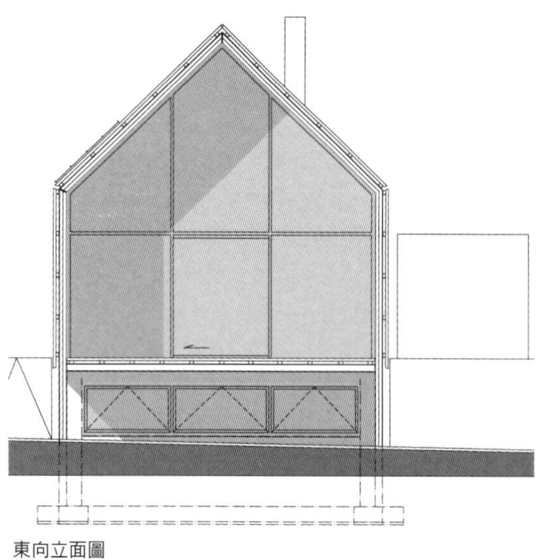

東向立面圖

西向立面圖

布海亞之家（CASA BRAILLARD）

設計者：Bakker & Blanc Architectes 建築師事務所

地點：瑞士薛儂（Chénens）

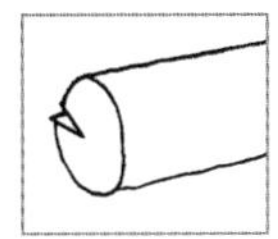

建案類型：獨棟住宅

面積：190 平方公尺

建造期程：11 個月

完工年份：2006 年

照片版權所有：Marco Bakker

這棟鄉間小房是由Bakker&Blanc Architectes建築師事務所設計，位於瑞士佛立堡（Fribourg）的薛儂郊區，屋主是一對年輕藝術家夫婦。夫妻倆當初興建住宅，是希望能與孩子在鄉間的自然環境中一同生活，共享天倫。為了同時滿足屋主的居家與工作需求，住宅在設計上必須呈現複合式功能，因此，建築師將室內劃分出兩個各自獨立的區塊，區分出居家與工作區域。

這棟住宅外觀和諧地融入周遭的農村景象，內部則分為上下兩個互不相通的樓層。基層劃分為居家區域，室內樓地板延伸出去即是戶外草地，而第一層的工作室則是藝術創作的專屬空間，建築師刻意將工作室設於距離窗外天空較近的高處，使屋主可潛心創作，避免「俗事」紛擾。有趣的是，居家與工作兩區域間唯一的連結

是個只容得下茶杯大小的物品通過的小管道，被戲稱為「鬥嘴道」，而其實屋外的斜坡才是真正銜接兩空間的連通道。因此進出上下兩樓層時，必須先走出戶外，才能再進入另一室內空間。

布海亞之家的屋底基座是由兩道混凝土牆所組成，建築物本身採預鑄式結構。雖然在建材選用方面，建築師選擇的是與傳統木屋建築概念相去甚遠的材料，如石

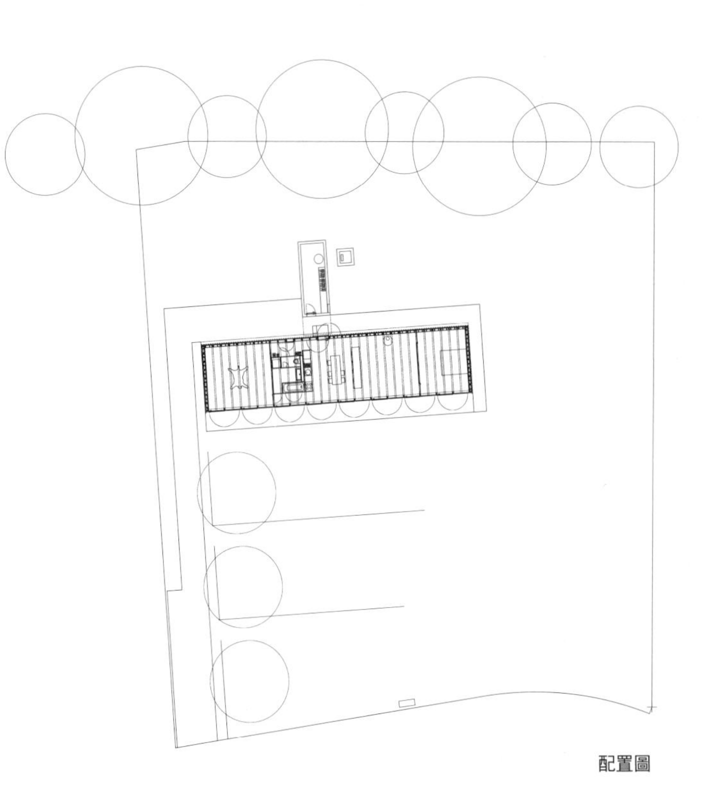

配置圖

棉瓦浪板、人造纖維與地工織布等，但建築物整體置身在周遭鄉村景致之中，卻絲毫不顯突兀。

布海亞之家採用木材預製構件進行結構組合，這種建築工法呼應了傳統木屋建築的兩大關鍵原則——施工迅速與功能取向。雖然建築物外觀幾乎看不出一絲傳統木屋的韻致，但百年前拓荒者在荒野中搭建木屋做為機能住宅的態度與作法，已藉由本建案的實踐，原汁原味地被承繼流傳下來。

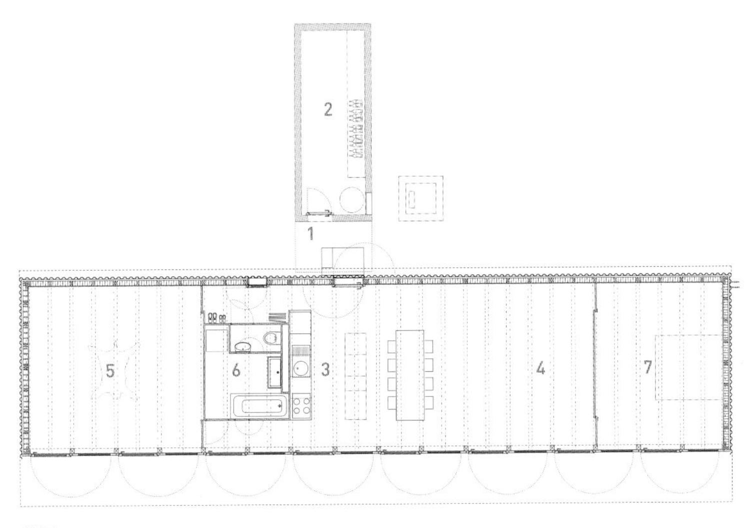

基層

1 通往基層的入口
2 儲藏室
3 廚房暨飯廳
4 起居室
5 主臥室
6 盥洗室
7 臥室
8 通往第一層的入口
9 工作室
10 書房

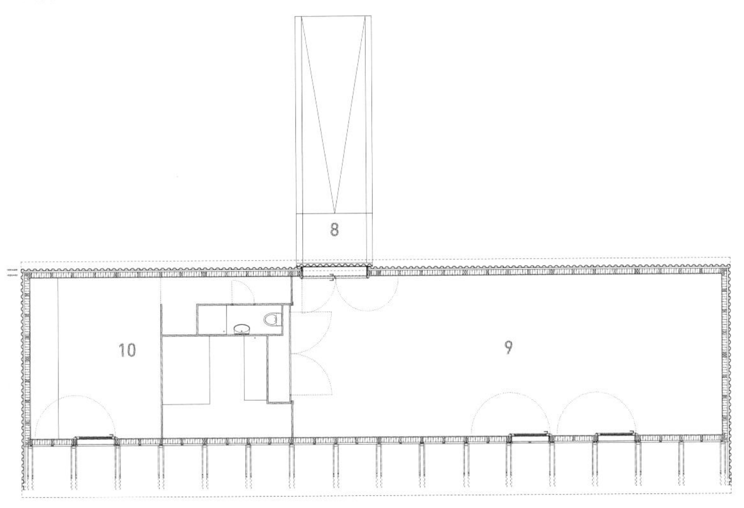

第一層

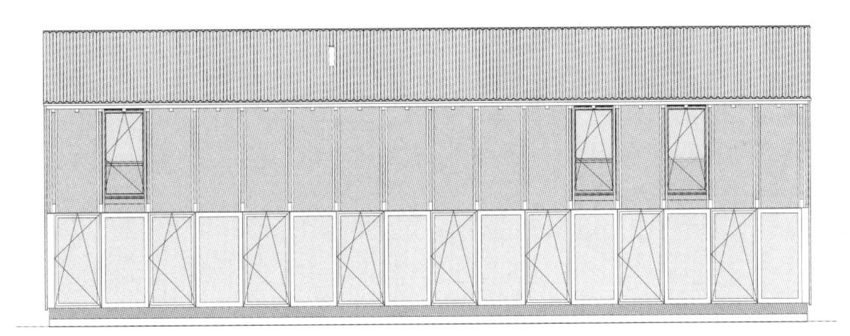

南向立面圖

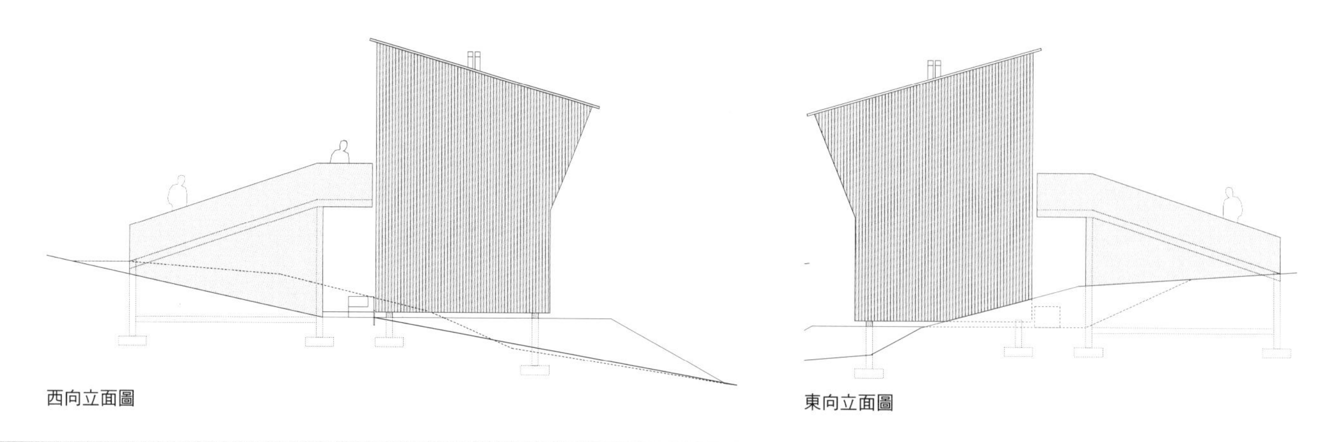

西向立面圖

東向立面圖

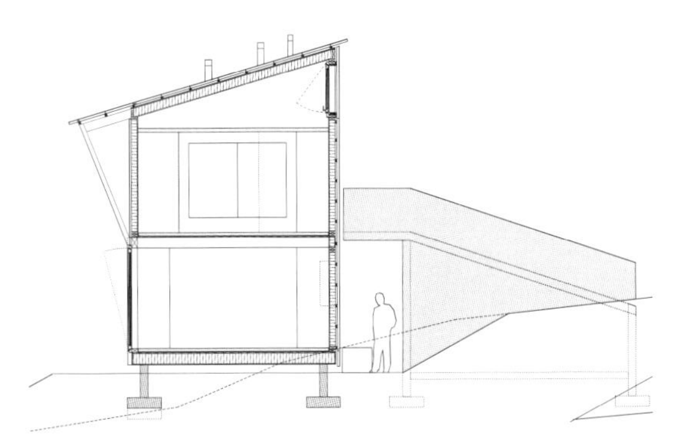

橫剖面

> 經由實踐「建築既有的建築」，新穎元素與傳統建築也可相容不悖。

布海亞之家這個建案受到了哪些概念的啟發？

這棟住宅在型式上同時參考了在地與傳統元素，特別是工業及農業素材，以及穀倉和農場的傳統概念。

您如何使本案的設計與木屋產生連結？

藝術工作室與住宅的並存需求衍生出建築物的雙重功能性，將這種特質再進一步與木屋遺世獨立與自給自足等特性相連結。

風土建築——特別是木屋——有哪些值得我們學習之處？

「建築既有的建築」意即承續地方上流傳已久的建築習慣及傳統，來建造當代建築。這個原則背後隱藏著不為人知的秘密，也就是透過奉行這個原則，物件可以透過全然融入，形同「消失」在周遭環境之中，並發揚既有的傳統價值，「從平凡中發現不凡」。

您認為為何木造屋舍已經成為一種親切熟悉的「家」的符號？

人們心中普遍存有一種說到「住居」便聯想到「木屋」的反射性聯結，再加上對邊荒生活所產生的浪漫想望，使木屋成為能夠給予庇護及安全感的表徵，就彷彿是遐荒中的一處綠洲一般。

魏洛比設計穀倉
（GRANERO DE WILLOUGHBY-DESIGN）

設計者：El Dorado 建築師事務所

地點：美國密蘇里州威斯頓（Weston）

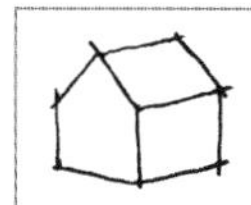
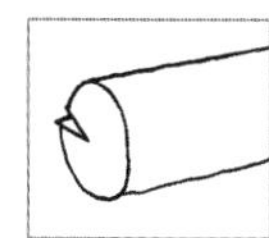

建案類型：會展場館

面積：255 平方公尺

建造期程：18 個月

完工年份：2002 年

照片版權所有：Mike Sinclair

美國魏洛比設計公司（Willoughby-Design）的總部是一棟由穀倉改建而成的革新空間，地點就位在密蘇里州堪薩斯市郊外一座建於一八八〇年的農莊內。案主安・魏洛比（Ann Willoughby）委託 El Dorado 建築師事務所團隊將原有的陳舊穀倉改造為一處嶄新的創意平臺，供設計公司的工作團隊推展各種業務活動之用。

穀倉室內除了部分保留基層原有的機具儲藏與農務用途外，其餘格局規劃採全敞式開放空間，為工作簡報、小型會議、行銷活動或簡報等活動提供了一個極為舒適的活動場域。El Dorado 所規劃設計的室內空間滿足了案主的各項需求，包括一

間多機能主廳，以及一處公共區域內的獨立休憩區。鋪設屋頂所採用的材料為銅質浪板與玻璃纖維板。穀倉的兩扇入口是由柏木條裝飾而成，由此訪客可直接進入到主廳之中。

　　穀倉改造工程的建材超過半數以上都是使用重複利用或回收再製的材料。為符

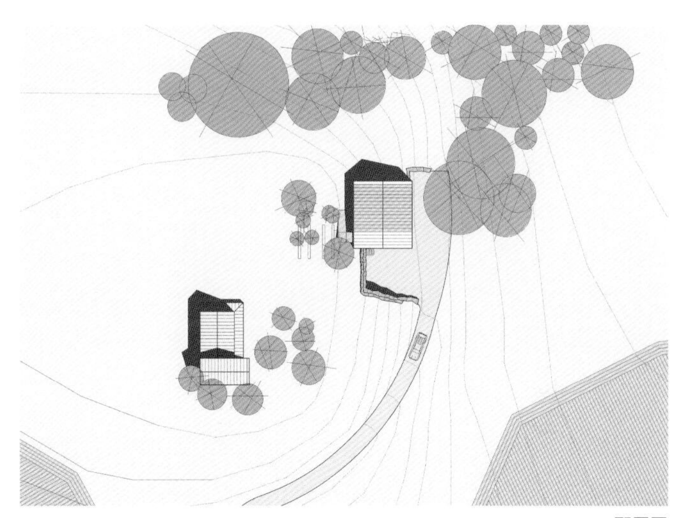

配置圖

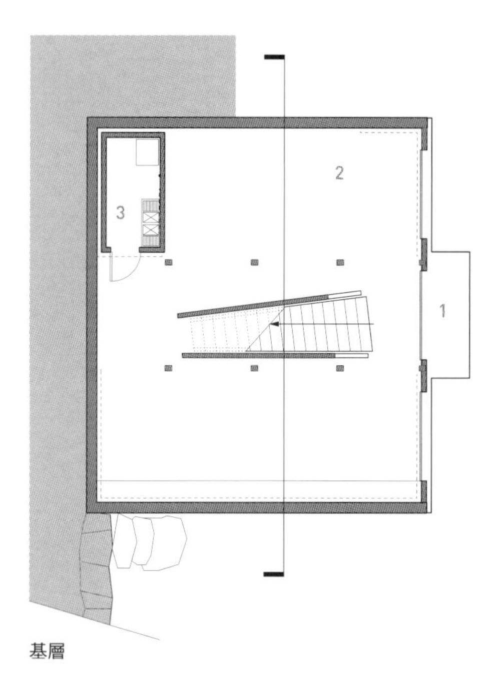

基層

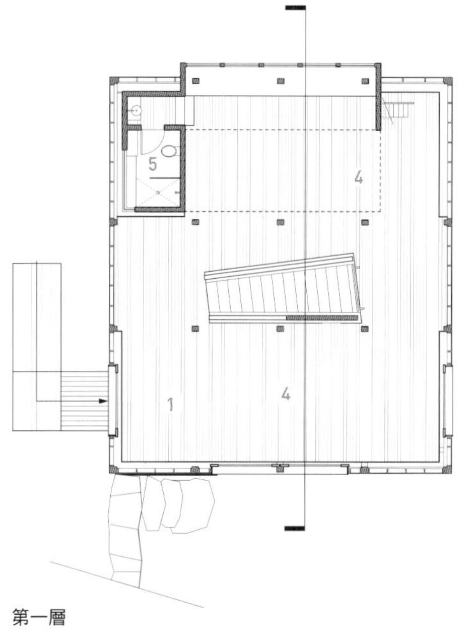

第一層

1 入口
2 車輛與機具停放空間
3 倉庫
4 會展活動空間
5 盥洗室

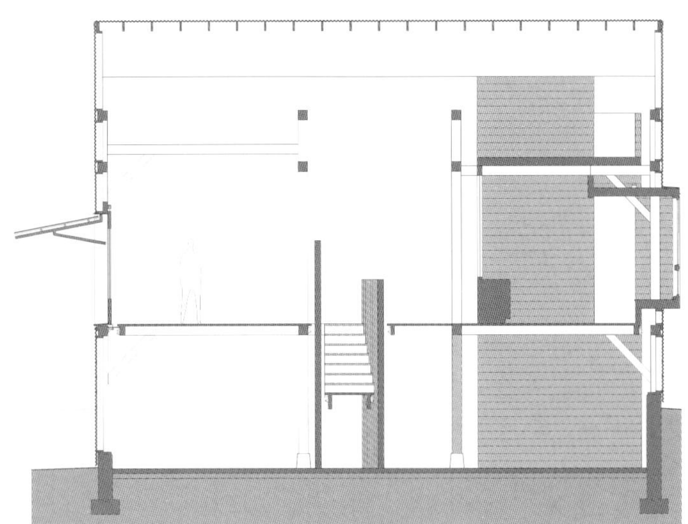

橫剖面

合環保永續性的工法，建築師團隊更設計了高效率的交叉式通風系統，並更動了窗戶的開向，以使自然採光率達最大化。

魏洛比設計公司的穀倉基地是現代版的圓木屋，完好地保留了傳統木屋的內在價值。公共工作空間、簡潔的裝潢，以及基於追求人與自然間直接連結的靈感來源等種種要素，無論在傳統的建築型式或現代的建築詮釋中都不斷地被重新呈現。

> 木屋是擋風避雨的小窩。我們的生活過於繁複龐雜，因此返樸歸真體驗「簡單」反而令人心曠神怡。

本建案是受到哪些概念的啟迪？

雖然這個建案的設計靈感並不是直接汲取自傳統木屋，但確實與另一種類似的建築型態——穀倉——產生了某種共享聯結。

您如何使設計與地方風土建築產生連結？

穀倉與木屋都是為生活根本提供解決之道的建築類型。雖然我們很多的設計案都沒有刻意採用復古懷舊風格來做為一種表現形式，不過，在我們心中，仍保有著企圖保留風土建築本身率真風格的念頭。據我們的觀察瞭解，穀倉乃是一種風土型式與現代表現風格交相結合的建築類型。

風土建築——特別是木屋——有哪些值得我們學習之處？

風土建築形式除了傳授我們有關選擇建築基地與氣候條件等細節方面的常識，也教導我們睜大雙眼，去尋找當地原生的建材，使整個建案在完工後能夠順利轉化為當地地景的延伸。

布瑟達之家 (CASA BUZETA)

設計者：菲利倍・阿薩迪（Felipe Assadi

地點：智利麥登西優（Maitencillo）南部

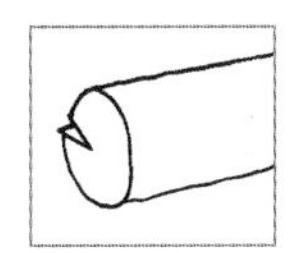

建案類型：獨棟住宅

面積：112 平方公尺

建造期程：9 個月

完工年份：2001 年

照片版權所有：Guy Wenborn

位於智利麥登西優南方的一棟避暑小屋——布瑟達之家——矗立在海拔 120 公尺高的面海懸崖邊。此地險降的峭壁地形提供滑翔傘飛行的極佳環境，為配合這樣的地理條件，建築師菲利倍．阿薩迪構思出的建築體不僅能耐受強風吹襲，同時又可凸顯其所在位置的高峻地勢。

不透光的東面以雙層木條牆組成，除了有助於增加建築物總重，也連帶輔助固定整體建築結構於基地上。建築師在南北兩牆面臨接西面處，各開了兩個魚眼窗，幾可亂真地勾勒出一艘航行海面的船艦輪廓。而在挑高兩層樓的室內空間之中，格局配置採取對稱型式。室外的部分，流線

型屋頂的設計靈感來自於滑翔傘的傘翼，屋頂上方由東向西悉數鋪裝銅板瓦，直到面海處，才以等距木質飾條接續向外鋪展形成風檐，木條縫隙間灑下的陽光，映照出光影間錯，滿是閒逸。

至於建材方面，屋體結構採用的是輻射松，外牆則使用奧勒岡松木，而屋頂與

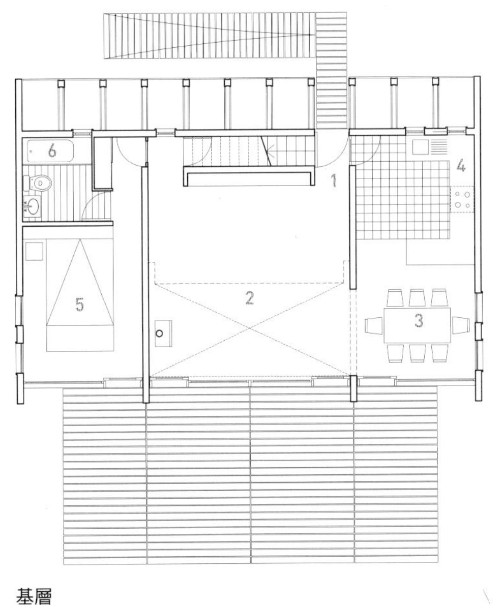

基層

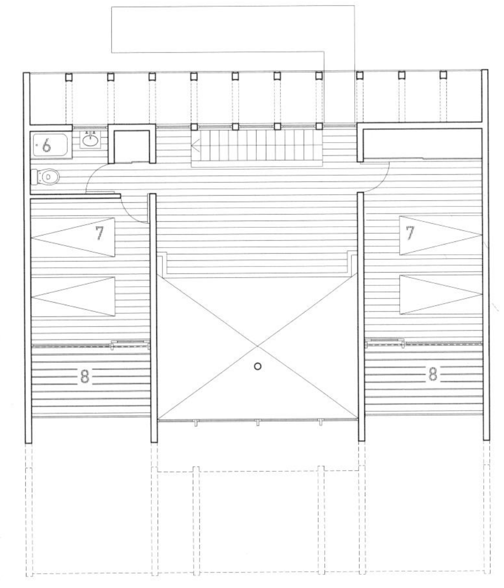

第一層

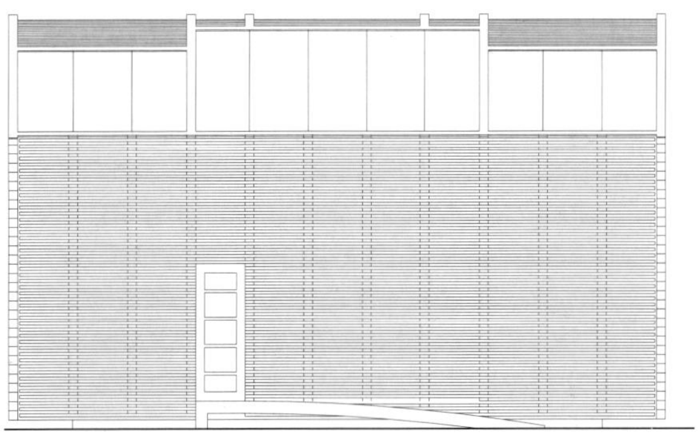

東向立面圖

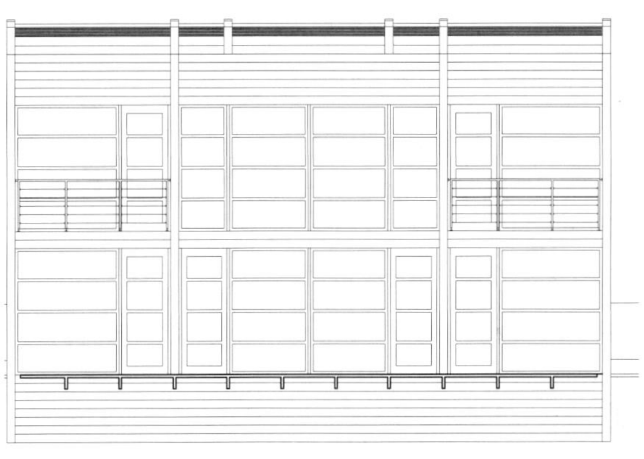

西向立面圖

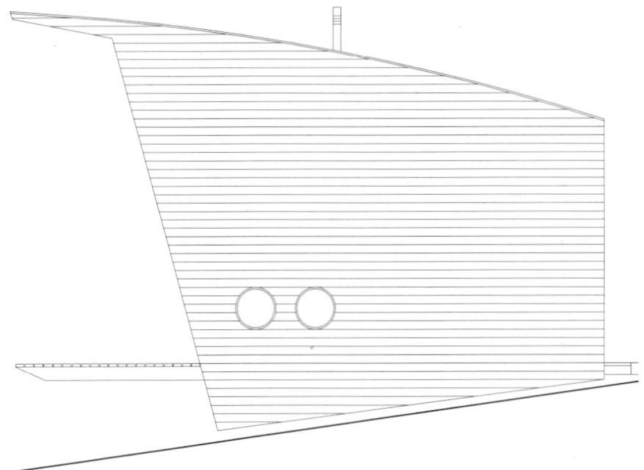

南向立面圖

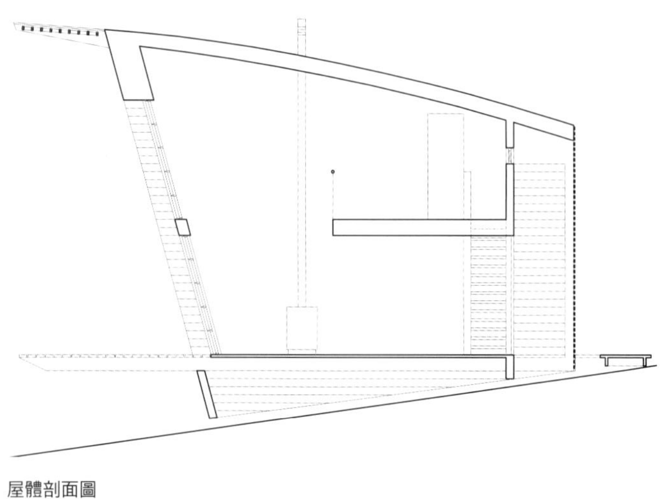

屋體剖面圖

煙囪則以銅為主要材質。

　　自從歐洲人率先採用圓木做為建材後，木材強韌耐久的特性使其成為運用最廣泛的住宅建材之一。成本低廉、施工便捷的傳統圓木屋，長久以來為拓荒者提供了賴以維生的居所，也成為他們在蠻荒邊境拼搏的後盾，因而其強烈的符號意象至今仍訴說著拓荒者追尋自由與開疆闢土的信念及勇氣。

　　太平洋岸上的布瑟達之家也如同拓荒者的木屋一般，是基於自發性及獨立性的精神原則打造出來的精神堡壘。

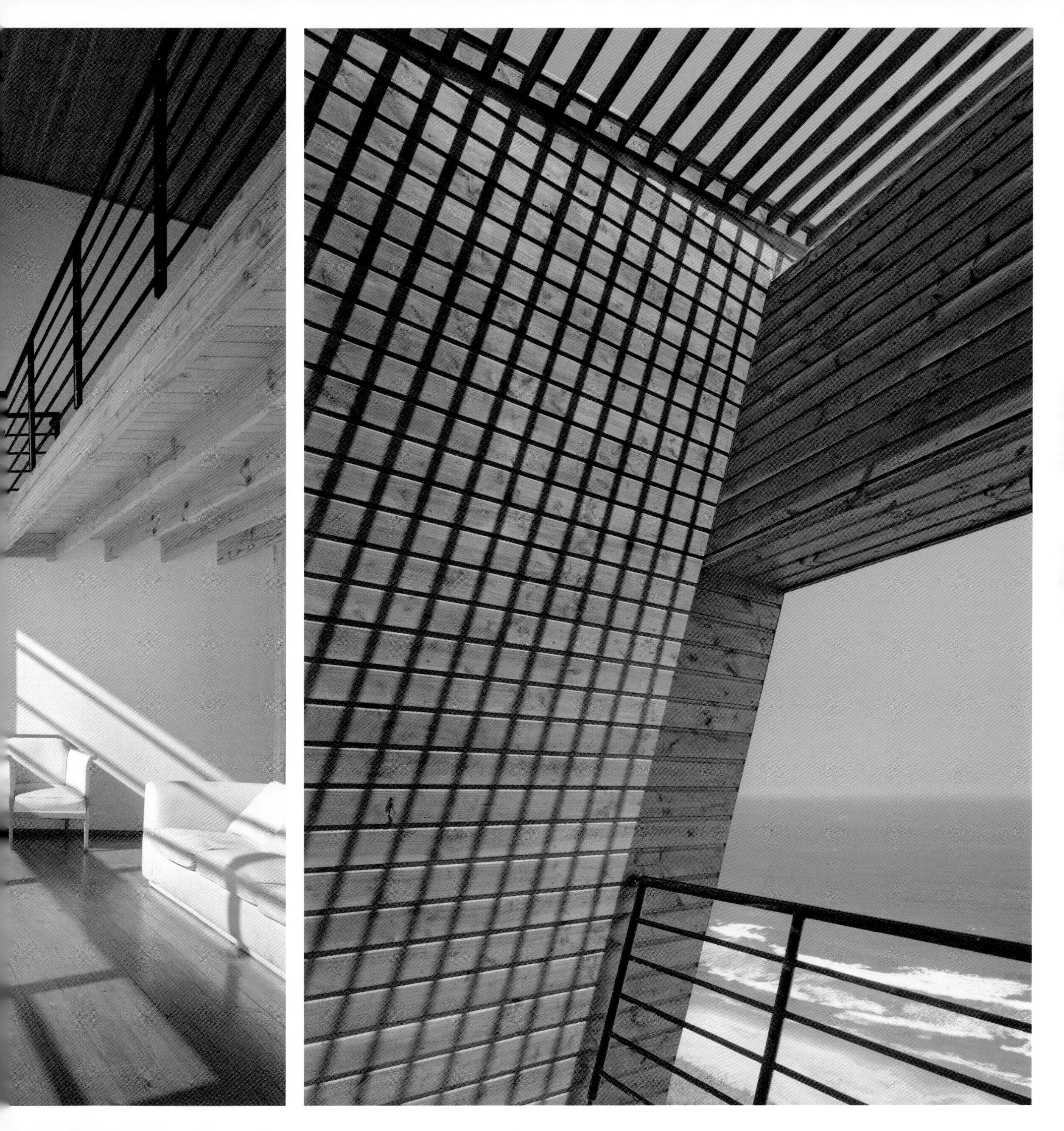

蓋倫格觀景臺（MIRADOR GEIRANGER）

設計者：3RW Architects 建築師事務所
地點：挪威弗里達休沃（Flydalsjuvet）

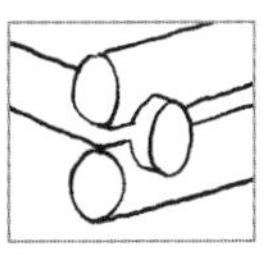

建案類型：公共設施
面積：170 平方公尺
建造期程：24 個月
完工年份：2006 年
照片版權所有：3RW Architects

風光宜人的蓋倫格觀景臺位於挪威境內的弗里達休沃河谷，從觀景台放眼望去，蓋倫格峽灣的壯闊美景可盡收眼底。這個甫經聯合國教科文組織列入人類文化遺產的靜謐村落，每年五月至九月吸引超過 60 萬名遊客前來憑眺極致美景。

年輕的 3RW Architects 建築師事務所團隊接受挪威公共建設部門委託，在公路沿線設計出數座各不相同的觀景平台，供遊客從不同視角飽覽峽灣景緻。另外，也出於遊客安全與觀光需求，規劃設置各種戶外設施以及導覽服務中心。

蓋倫格觀景臺的設計重點在於襯映周邊的湖光山色，並配備各種遊憩導覽設

施，供各地蜂擁而至的遊客認識當地環境。此外，另一項設計重點在於，為避免接踵而來的遊客破壞這個深山秘境，建築團隊特別設置備有遊憩設施之區域，紓解大批觀光人潮。在高聳的山坡上，建築團隊規畫出數座瞭望臺、一座停車場與若干盥洗室等基本設施，並以一條狹長走道貫

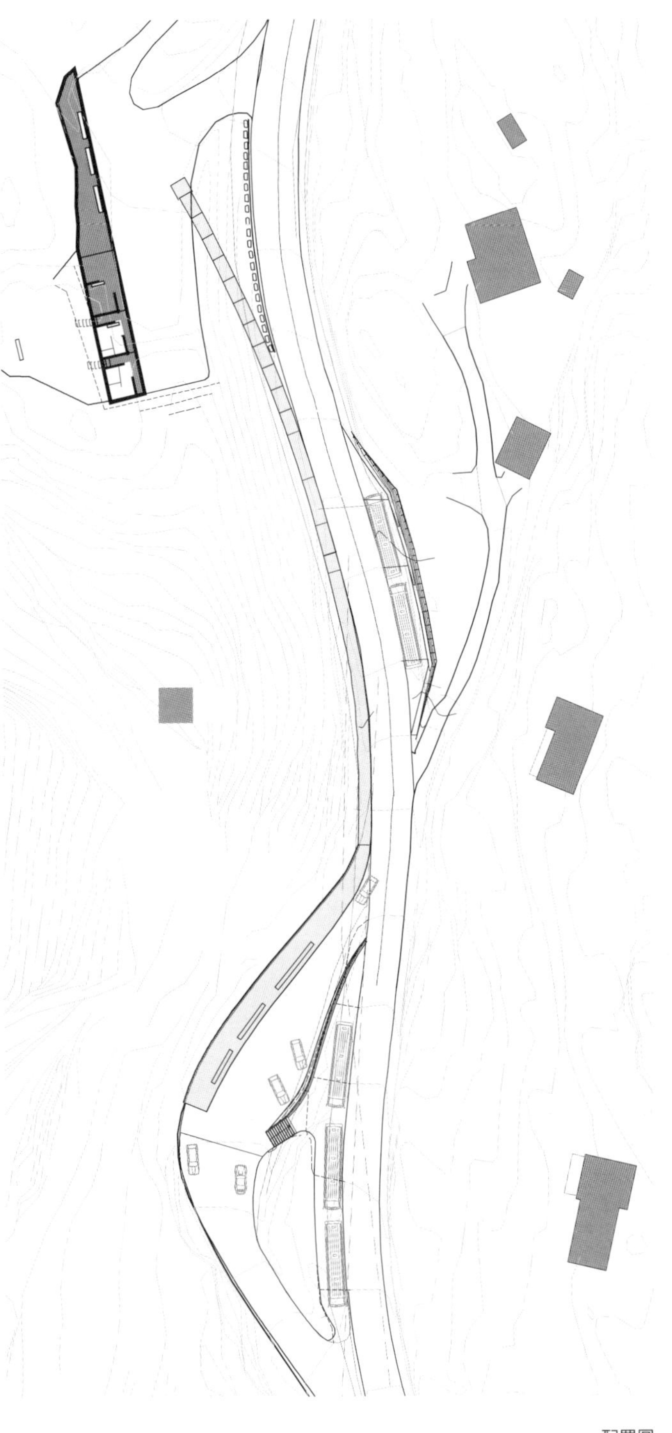

配置圖

全區平面圖

1 資源回收箱
2 長椅
3 導覽資訊
4 盥洗室

1 2 3 4 4

縱剖面

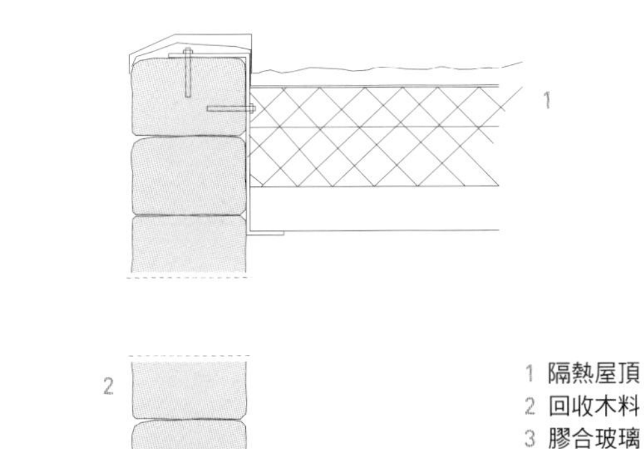

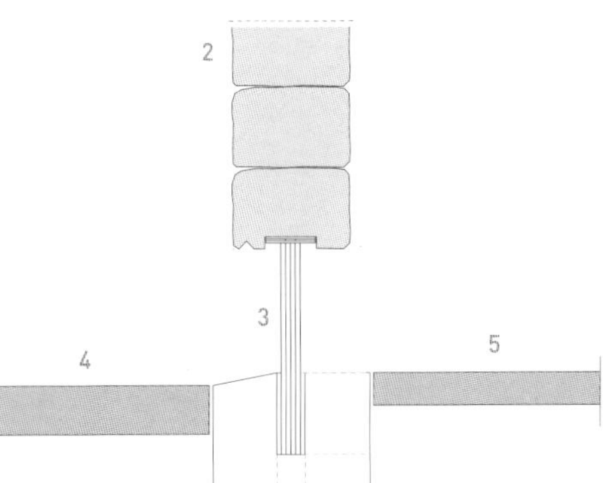

1 隔熱屋頂
2 回收木料
3 膠合玻璃
4 戶外露臺
5 室內空間
6 基礎

細部構造剖面圖

串其中，遊客自此可恣意欣賞峽灣絕景。

為了使嶄新的建築保有原始建築原汁原味的韻致，3RW 建築團隊回收了百年老木屋的圓木建材，並委請專業木匠以傳統工法重新加以組裝。一棟年久失修的老舊農舍因此被拆解為三部分，並運至本建案地點重新搭建。在不更動原始牆面的情況下，建築師們特別設計了玻璃座墩圍成的可透光牆基，使更多自然光線能照進厚重的圓木建築內。這可說是一個跨時空的建築，為遙遠的將來預先保存了一棟漂浮在現代玻璃基座上的傳統圓木屋。

日落小屋
（CABINA DE LA PUESTA DE SOL）

設計者：Taylor_Smyth Architects 建築師事務所

地點：加拿大安大略省錫姆科湖（Lake Simcoe）湖畔

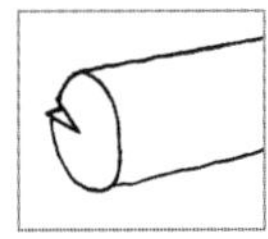

建案類型：小木屋別墅

面積：23.25 平方公尺

建造期程：6 週

完工年份：2004 年

照片版權所有：Ben Rahn/A-Frame

這棟佇立於加拿大安大略省南部錫姆科湖畔的浪漫度假小木屋，是出自Taylor_Smyth Architects建築師事務所之手。當初是為了要提供屋主一個欣賞落日美景的無隔間別墅，裡裡外外充滿了安大略當地傳統木造林間小屋的恬適風情。

以透明玻璃與木質建材打造出的小屋佇立在靜謐的湖畔一隅，與屋主位在山丘上的大宅邸遙遙相望。滿布草葉的蔥鬱屋頂使小屋得以隱匿在周遭的景色當中，因而從大宅邸往下眺望也難以尋見。至於對室內的規劃，建築師則保留最基本的生活機能，附有抽屜的雙人床、含收納層架的牆面與燃燒柴火用的煙囪是起居空間中僅有的裝置。

小屋外部的水平木條牆面設計乍看之下似乎遮蔽了屋外的湖景，但靠近觀察後，便可發覺從鱗次櫛比的木條間隙中可「窺視」戶外的美景。小屋外側西面長短不一的木材飾條漸次向左延伸至西面與北面的交界，木條圍籬後的大面透明玻璃從西面左方露出，形成廣角眺望湖景與夕陽餘暉的絕佳瞭望台。

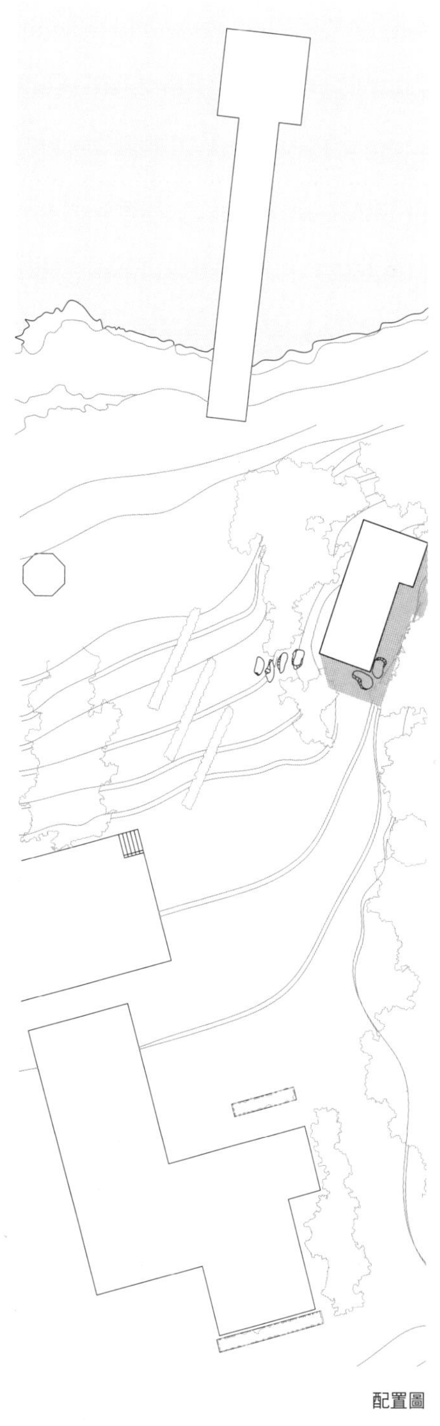

配置圖

屋外景色隨著季節變換而流轉更迭，而日落小屋的外觀與周邊意境也隨之變幻。嚴冬時節，當皚皚積雪覆蓋大地時，小屋外牆水平飾條與四周一棵棵矗立的樹木形成視覺上的強烈對比。當春天來臨，綠染大地，日落小屋隱沒在扶疏的枝葉間，呈現出一片生意昂然的新氣象。不論四季寒來暑往，不變的是，入暮時分的日落小屋裡永遠點著一盞燈，從木材飾條的縫隙間微微透出溫暖而柔和的光芒。

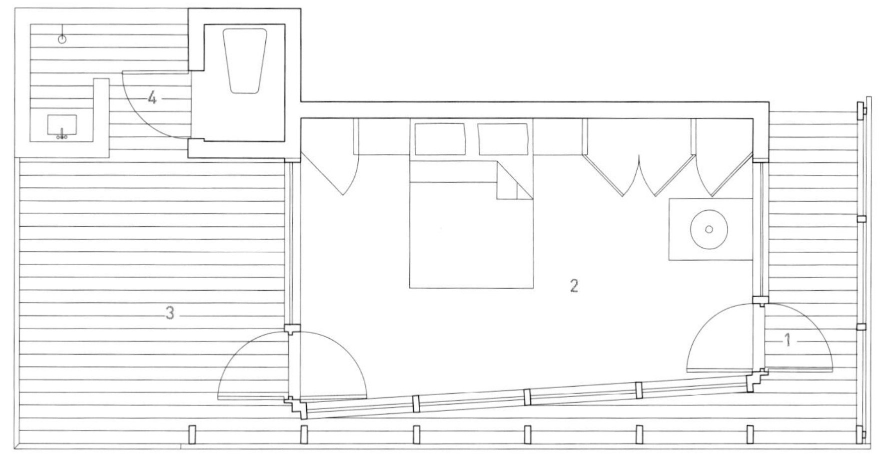

1 入口
2 起居室
3 露臺
4 盥洗間

平面圖

西向立面圖

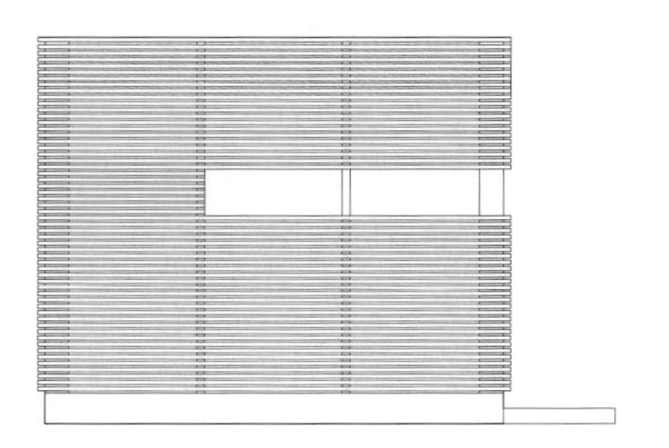

南向立面圖

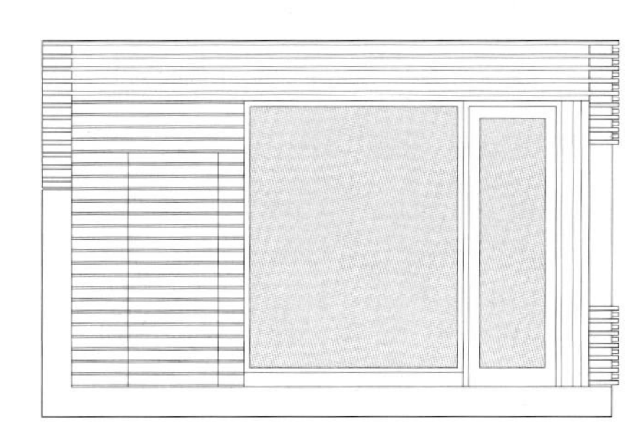

北向立面圖

屋外水平木條立面
與透明玻璃牆面之
間的空間形成隔絕
室內的調節區。

> 那個人們協力建造住家的年代仍留存在集體記憶的深處。

這個建案的靈感是否有部分來自傳統式木屋？

雖然我們並沒有刻意從木屋的原型汲取靈感，但建築語法的相似度顯而易見。舉例來說，在外觀上我們特別強調木條間若隱若現的自然孔隙，並且使它們轉化為這個建案的獨創特點。

您如何建構地方風土建築和建案間的連結？

我們儘可能忠實地選用天然素材，避免導入慣用的建築語言。

您認為為何木造屋舍已經成為一種親切熟悉的「家」的意象？

木造屋舍和原住民經常與追憶往日情懷聯想在一起。人們在取用大自然的材料來打造山林幽居的同時，建立出一種心靈感受的連結。此外，木屋本身還具有工藝建築與手作概念的特殊價值。

水聲村（ALDEA BARULHO D'ÁGUA）

設計者：Vidal & Sant' Anna Arquitectura 建築師事務所

地點：巴西里約熱內盧之巴迪斯達亞維斯村（Aldea Batista Alves）

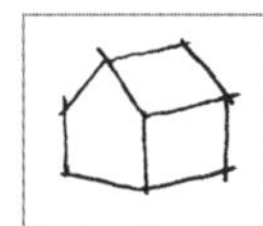

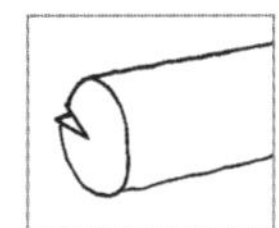

建案類型：獨棟住宅

面積：150 平方公尺

建造期程：12 個月

完工年份：2004 年

照片版權所有：Ary Condota

距離巴西的巴拉第市（Paraty）外 5 公里處，隱藏著一片人跡罕至的原始森林，森林裡豐沛的自然生態還完整的保留著。Vidal & Sant' Anna 建築師事務所的工作團隊有幸能在這片淨土進行森林小屋的建案作業，實地與巴西的原始熱帶叢林近距離交流互動，並流露出他們崇敬自然萬物的價值觀。

經由審慎的環境評估，這棟避暑小屋成功地在人類活動與生態維護間取得平衡。避暑小屋建築在架高的木結構上方，屋頂以陶瓦覆蓋，並以大面落地窗阻隔外界噪音與濕熱高溫。落地窗上的大片透明玻璃全然融入周邊景觀之中。單純而少

量的結構組件使施工極為簡便。模組結構與兩扇大面積的定向刨花板（Oriented Strand Board）確保小屋建築可依工期規畫，以輕巧簡單的方式進行施工。自然形成的崎嶇地表造成住宅施工上的困難與不便，不過這個問題可藉由連續承接獨立模板與主屋的方式加以克服。訪客透過大面

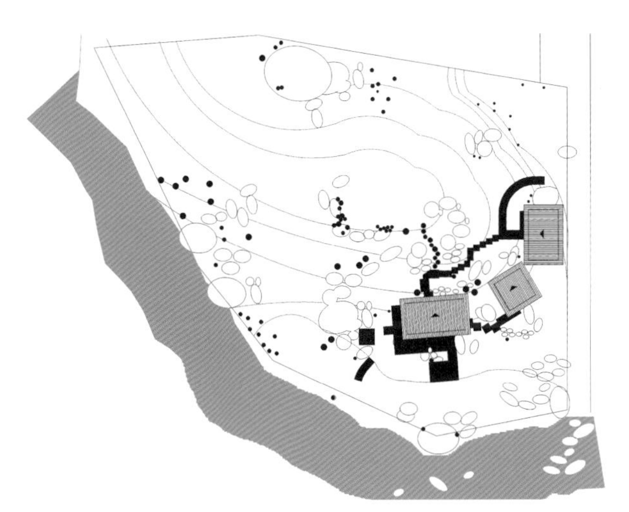

配置圖

積的透明玻璃可恣意飽覽四周景色。

總面積 150 平方公尺的建築主體由分布樹林間的數棟屋舍組成，整體建案藉由感官實踐來追憶巴西風格的傳統木屋，並遵循與傳統巴西木屋同樣的美學原則。此外，在營造室內溫馨氛圍的同時，透過使用輕質建材、強化能源效能與改正房屋座向，藉以建立住宅與周邊環境中一草一木的均衡關係。本建案試圖在大自然中，找出人類與自然交流互動的靈性途徑。

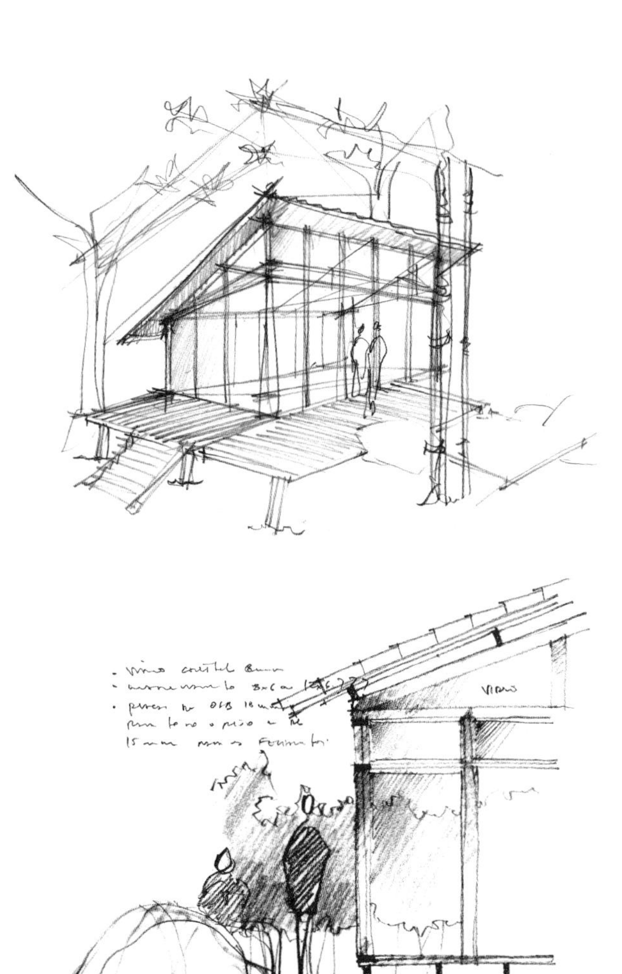

初步草圖

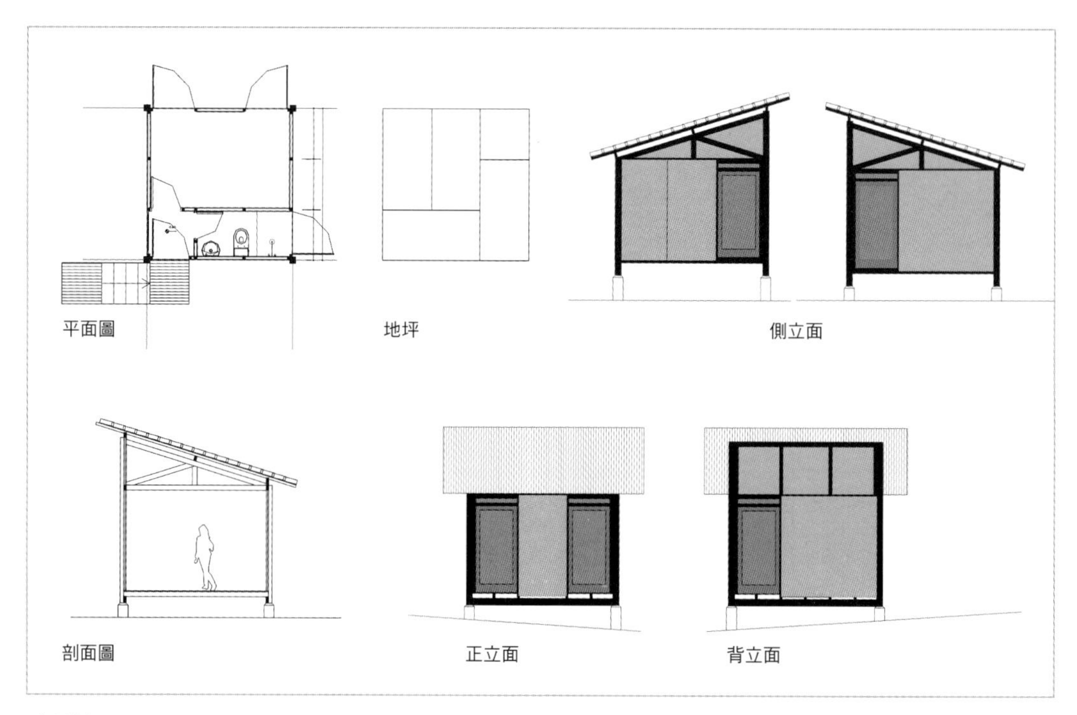

臥室模組

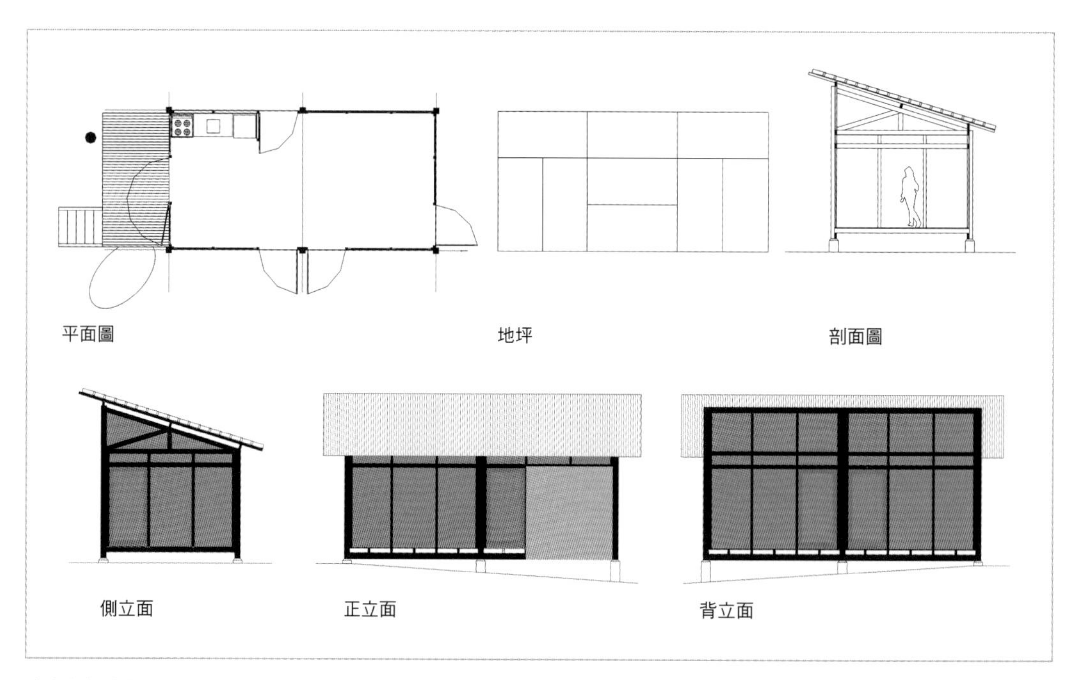

客廳與廚房模組

“取材於自然資源有助大幅提升建築的永續性，因此木材便成為應用愈趨廣泛的建材選項。”

水聲村這個建案的設計靈感來自何處？

為了這個建案，我們將巴西當地風土建築的建築傳統特點納入考量，像是建築基地的施工條件等等。另外，由於進入建築基地的種種阻礙與不便也會對建案成本與施工速度造成影響，因此基於這項因素，我們尋求適宜的施工技術與建築美感來執行這個建案。最後。在一連串的摸索追尋後，一棟與周遭自然環境融合共生的簡樸住宅便就此誕生。

風土建築在您的設計案中佔有何等重要性？

風土建築本質上非常注重建築當地的氣候、地貌、工藝技術與社會文化等特質。只要我們仔細觀察風土建築，便可發現歲月在無形間所賜予我們的種種智慧與良方。我們的目的在於研究風土建築傳授給我們的各項知識，不僅懷抱著敬慕與纖細敏感的態度試圖理解，進而承襲採納這些先人的智慧，可能的話，我們更希望能持續加以改良，精益求精。

我們能夠從風土建築中學到什麼？

當代建築大多以建立永續性的新建築典範為目標。而我們在建立新典範時所產生的種種疑難，往往能從風土建築中獲得解答。舉例來說，在建築座向、當地風向流動與建材的選用等問題的處理上，風土建築透過在建築本身裝設玻璃，藉以改善不必要的空調設備成本。特別是在木屋建築上，使用木材做為結構材料或填料就是另一種明顯仿效風土建築的技術。

就二位看來，為何圓木屋已成為一種親切誠摯的風土建築符號？

重拾木材做為建築材料的作法，賦予建案獨到的美學設計，建構出一種不落俗套的建築語彙。這種現象主要反映在木構造住宅上，此類建築將木材多元的抽象感知轉化為伸手可及的溫馨感受。

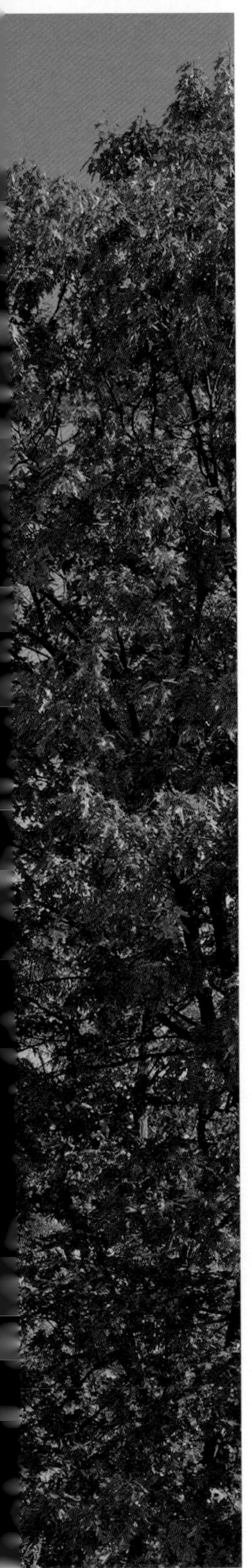

辛科農場小屋
（CABAÑA DE LA GRANJA HINKLE）

設計者：BURO II bvba 與 BURO Interior bvba 建築師事務所

地點：比利時羅斯勒（Roeselare）

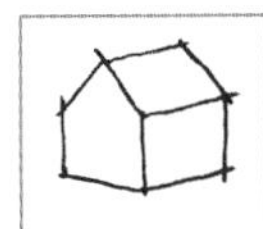
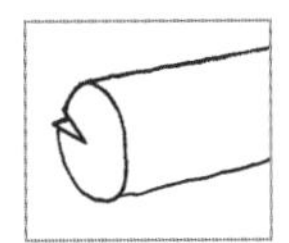

建案類型：單人小木屋

面積：18.5 平方公尺

建造期程：4 年半間的 48 天

完工年份：2006 年

照片版權所有：Anice Hoachlander

美國西維吉尼亞州的南叉山（South Fork）上，矗立著一棟充滿田園風情的袖珍小木屋。這是由華盛頓哥倫比亞特區郊外的一戶人家委託 Broadhurst 建築師事務所設計，做為週末遠離塵囂的度假去處。辛科農場小屋所在的這片廣大山林地中，人造建築物屈指可數，小屋附近僅有一棟廢棄的農舍與一座墓園，為山野風光憑添一抹遙念往昔的思古幽情。

走進辛科農場小屋使人彷彿置身於另一時空，因為這棟小屋並未裝配發電設備，而是採用鄉間常見的油燈做為室內照明。一座小型木造爐灶是屋內唯一的熱能來源，除了用以維持室內溫度外，這項裝

置還可透過簡易的液壓系統加熱用水。至於淋浴的部分，則採用手動式壓力水泵將淋浴用水儲存在相當於使用者頭部高度的儲水桶內。供水線路的起始點設於屋外，屋頂的集水管收集雨水後，可供應渡假者一家用水需求。辛科農場小屋建於四根木柱撐高的平台上，藉以避免蟲害侵襲。

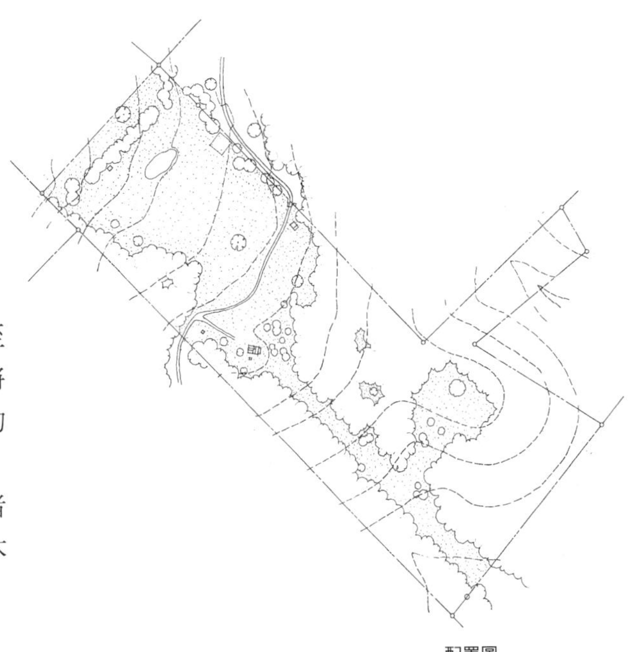

配置圖

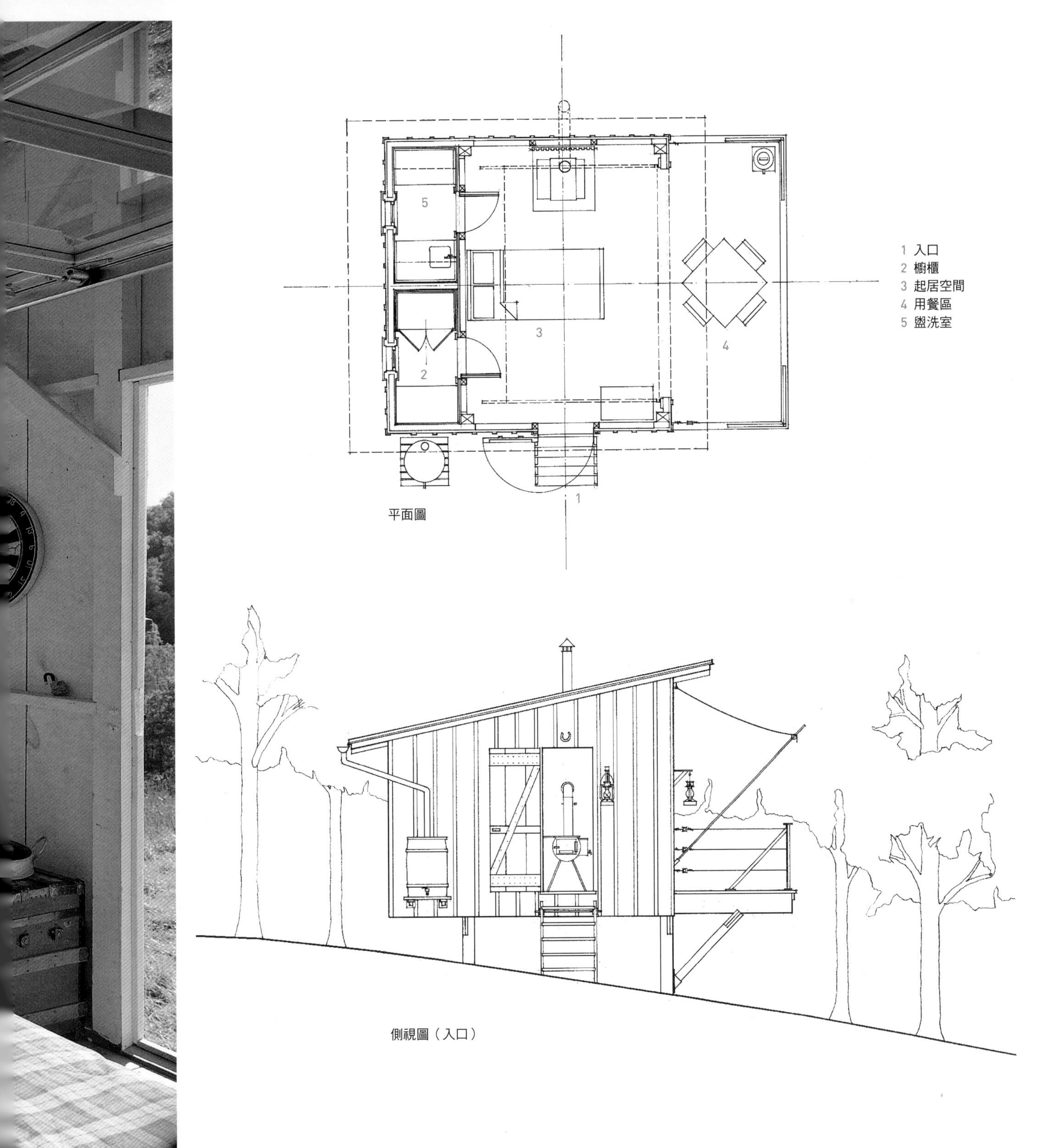

1 入口
2 櫥櫃
3 起居空間
4 用餐區
5 盥洗室

平面圖

側視圖（入口）

小屋的東南面開設裝有玻璃車庫門的棚屋，棚屋上方有鋁架帆布棚遮蓋。在潮濕多雨的季節間，這座小型露臺可變身為室內起居空間的延伸。

小屋的西北面設有數個小窗，除了可供小屋室內空氣與戶外新鮮的山間空氣對流，還可提供觀者悠閒地欣賞周邊山巒間放牧的牲畜。

辛科農場小屋彷彿停格在過去的時空之中，充分反映出傳統圓木屋年代的生活方式。屋內陳設著簡樸且實用的器具與裝置，彷彿引領使用者重返往昔美國拓荒先鋒的西部開墾生活。

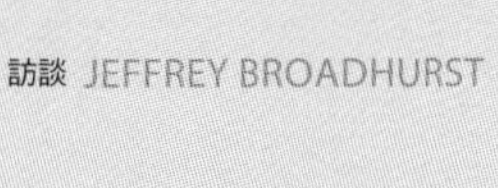

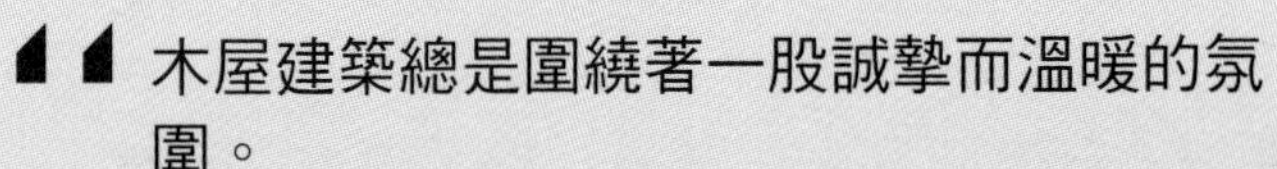

“木屋建築總是圍繞著一股誠摯而溫暖的氛圍。”

您如何使設計案，特別是本案的小屋，與風土建築產生連結？

雖然本設計案與傳統木屋具有某些相似之處，但實際上我們的設計靈感更是直接來自於用來貯藏玉米的糧倉，除此之外，影響農產品保存的天候因素與蟲害防治等因素也在我們的考量之中。本建案的設計概念是透過採用當地常見的農舍建材，藉以使小屋與周遭田野環境和諧共存。

在您的設計案中，對風土建築所進行的觀察研究具有何等的重要性？

建築是建構在暨有的建築型態上，而風土建築正是這種文化傳承中的本質。在這類原始建築的設計中，機能與各項細節都必須經過深思熟慮地規劃，忠實反映使用者基本日常所需。

依您所見，為何木屋如今已經成為一種親切熟悉的「家」的符號？

我想人性化的舒適起居空間之所以吸引我們，是因為它們能夠喚醒根植於人們內心深處的情感。

玻璃屋（CASA DE CRISTAL）

設計者：Verdickt & Verdickt 建築師事務所
地點：比利時亞斯（Asse）

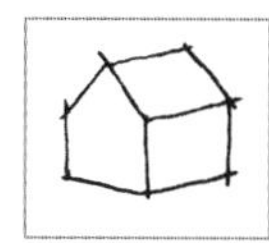

建案類型：獨棟住宅
面積：207 平方公尺
建造期程：10 天
完工年份：2006 年
照片版權所有：Lander Loeckx

在林木遍布的比利時亞斯市中，擎天樹木無聲地守護在一棟玻璃屋旁，見證其從無到有的建造過程。這棟出自 Verdickt & Verdickt 建築師事務所巧手的玻璃住宅，除了對森林小木屋的傳統設計概念進行修正外，並在維持住宅實用性的前提下，進一步改善其室內外設計。

玻璃屋外牆採用大面積溫室玻璃拼組，並輔以鋼骨結構做為支撐，呈現出晶瑩明亮的住宅整體外觀。通透的空間感由外部延伸至室內，除卻隔間的藩籬，建築師採用靈活的開敞式設計，使室內各個生活區塊相互連通。基層空間主要為臥室所在，可供觀景的第一層則配置書房、起居室等機能空間。牆面建材以隔熱玻璃與半透明聚碳酸酯板材組成。映照在玻璃外牆

上的斑斑樹影為玻璃屋染上光影紛呈的色彩。與周遭千年古木林相映成趣的玻璃屋，隨著彷彿可隨環境變換體色的變色龍一般。

在 Verdickt & Verdickt 建築師事務所的設計中，建築師們從簡易的、有效率的、機能性的解決方案中，找出三者間巧妙的結構比例。例如利用日照角度決定住

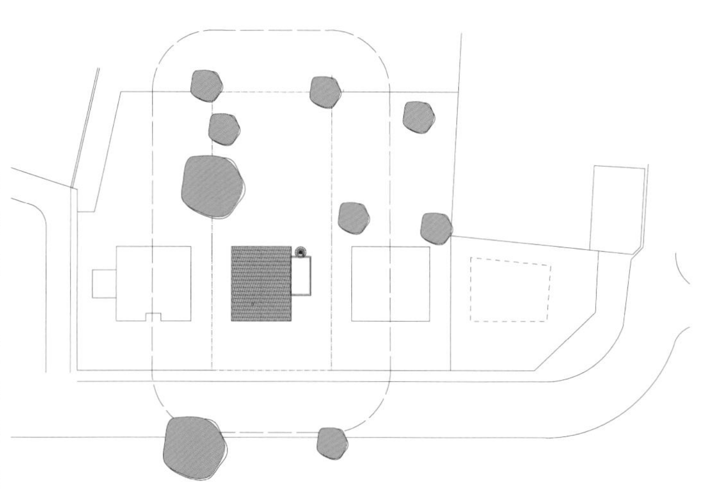

配置圖

宅的座向；或是藉由生態與永續工法，聰明利用能源資源以節省開銷等。玻璃屋被視為典型木屋的再進化：透過巧妙配置與通用性的運用，以最少量的建材達到空間的最大化。最後完成了一棟價格平易近人的永續住宅。

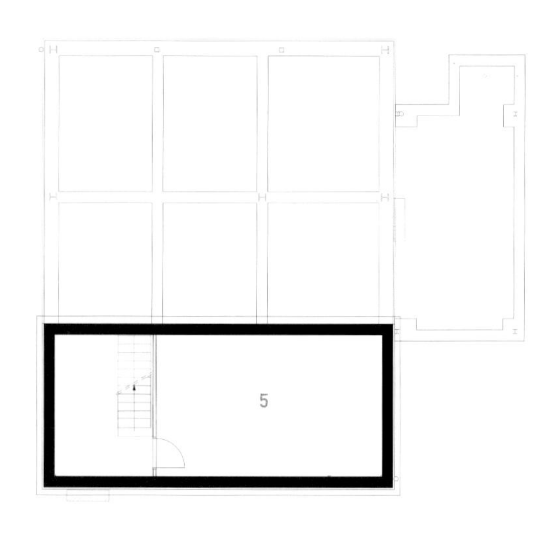

地下層

基層

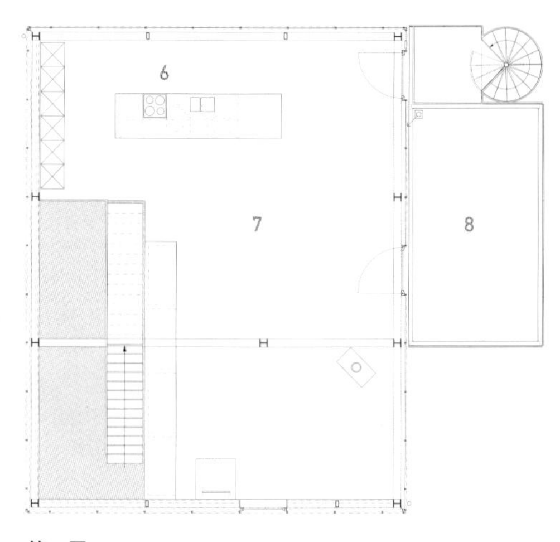

第一層

1 車庫
2 入口
3 盥洗室
4 臥室
5 倉庫
6 廚房
7 客廳暨飯廳
8 露臺

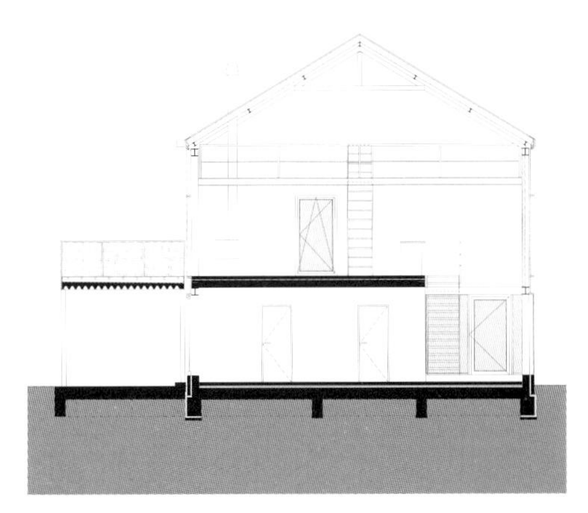

橫剖面

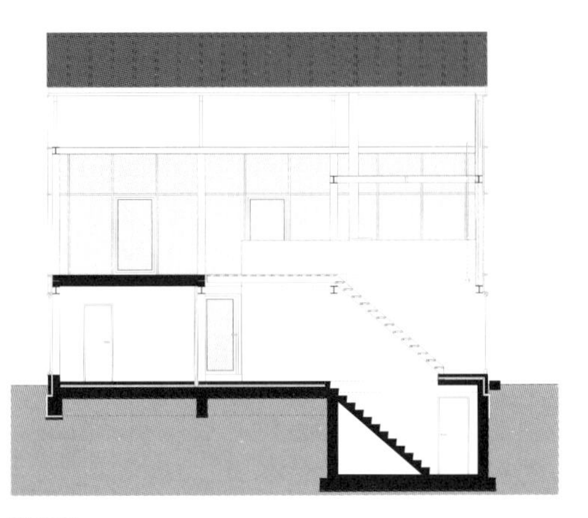

縱剖面

"傳統建築為當代建築與恆久建築的概念提供基底。傳統即為革新之本。"

玻璃屋的規劃設計是從何處發想的？

設計這棟玻璃住宅最初的發想，就是發展出造價平實，又符合傳統建築參數設計的新型態住家。

歷經探尋各種可行方案後，我們最終透過奉行建材少量化，但空間利用極大化的概念，打造出這棟玻璃屋住宅。由於建築立面本身採用的是特殊的玻璃材質，我們因而能夠藉以營造出自然採光充足，又兼具良好隔音及隔熱效果的住家空間。

對地方風土建築的觀察在本建案中扮演了何等重要的角色？

對我們而言，建築在骨子裡就是一種「追本溯源」的過程。我們經手的設計並非出自一種挑釁，而是追尋根源的本質，藉以創造出一種更為明確，更為純粹的設計概念。一如風土建築的設計概念，我們試圖避免累贅多餘的設計，平鋪直敘地凸顯出建物設計的解決方案。在著手設計的過程中，打破慣性的思維方式已成為一種途徑，而非一個終點。

風土建築——特別是木屋——有哪些值得我們學習之處？

長久以來，風土建築被視作最為理性、質樸、靈巧的建築類型。我們深深相信，當代建築應該在風土建築的基礎上演進發展，而非捨近求遠。耐久建築就是一個很好的實例，建築師們透過運用尖端技術與建材興建出不易損壞的耐久建築，只要房屋座向正確，許多問題就可迎刃而解，不須於事後再進行補救。在過去，農場主人如果需要乘涼，他便會種植樹木；但如今，我們則安裝日夜運轉不停的冷卻系統。

依您們之見，為何木屋已成為如此受重視的一種符號？

在型式外觀上，木屋沒有華而不實的贅飾，其功能已限縮為提供基本的庇護；也就是說，木屋回歸到建築的本質。除此之外，木屋建築還具備高機能性，可適應不同的需求並加以調整改變。

載德之家（CASA SEIDL）

設計者：Hertl Architecten

地點：奧地利茂倫（Molln）

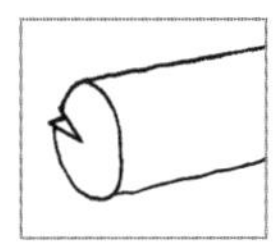

建案類型：獨棟住宅

面積：210 平方公尺

建造期程：19 個月

完工年份：2004 年

照片版權所有：Paul Ott

奧地利境內的阿爾卑斯山區，座落著景觀壯麗的黎瑪（Lime）國家公園。在層巒疊翠的自然風光下，Hertl Architecten 建築師事務所團隊靈感油然而生，構思出具有森林小木屋風格的木構造住宅。一些風土建築傳續下來的文化遺產，如冰島草原上的傳統農家小屋，在本建案中也成為設計靈感的泉源。

本建案的布局劃分為兩棟鄰近的狹長型房舍，這種配置形成一處可做為花園使用的開放空間。這是一棟暨開闊又保有隱密性的建築，自此放眼望去，可北觀河谷風光；南望屋後的山麓美景，四周自然景觀一覽無遺。位於住宅基層的狹長型臥

房，藉由大面積落地窗的設置形成完全透明開放的空間，並藉以模糊室內外空間的明顯分野。住宅外觀相當符合鄉間地區機能取向的標準。這棟木屋透過結構上的特殊設計，在牆體內部留有空間，形成一套良好的通風系統，使得木屋可因應氣候狀況之不同調節室內溫度。

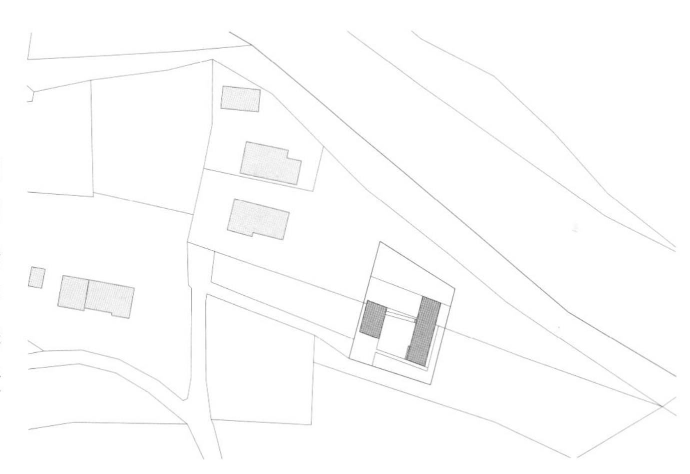

配置圖

建材的況味、住宅的規模尺寸與環境適切性都是本建案的精髓所在。除此之外，這棟建築還提供了改良方案，例如裝設大片玻璃落地窗，以充分利用自然採光。載德之家是理性設計的具體實踐，從室內到室外空間的一系列規劃都順應著當地的環境，達到建築與自然的和諧共生。

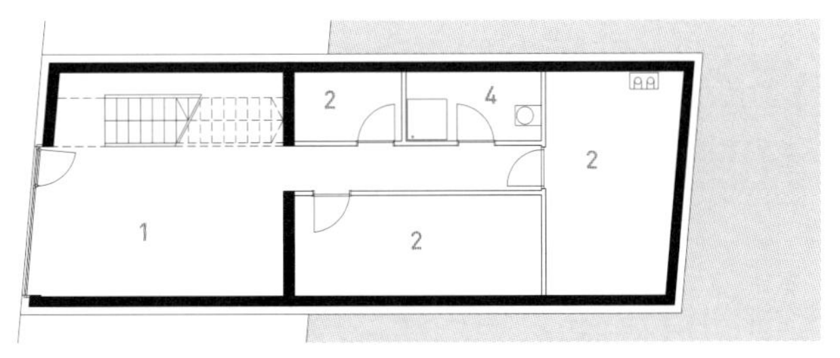

1 書房
2 儲藏室

地下室

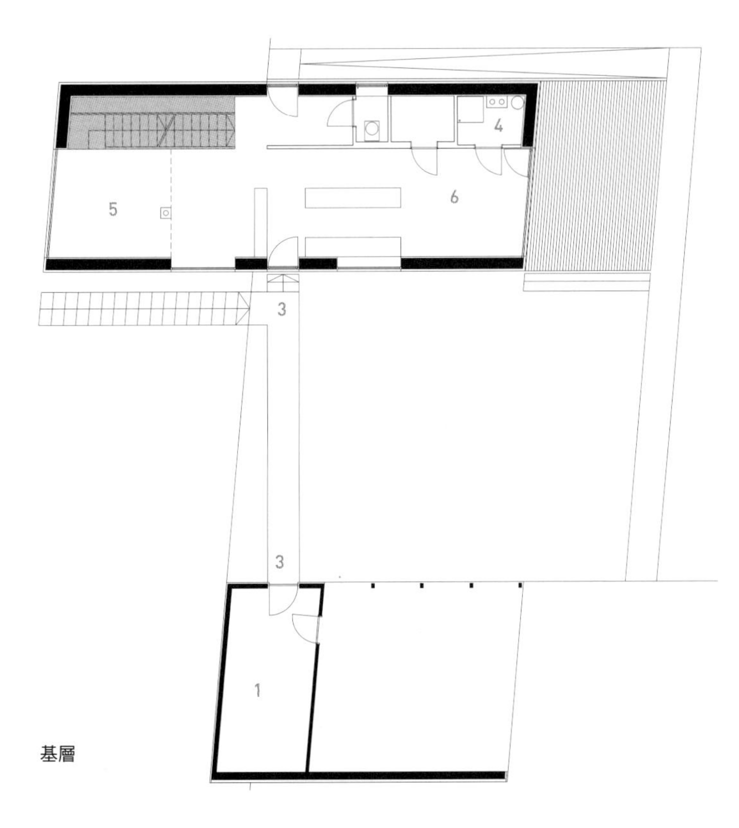

3 入口
4 盥洗室
5 起居室
6 廚房及飯廳

基層

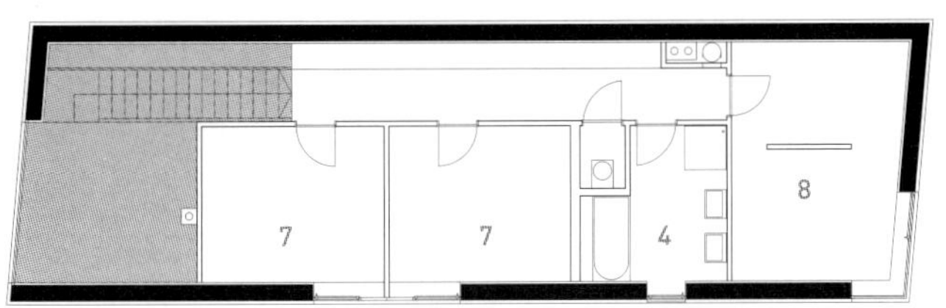

7 臥室
8 主臥室

第一層

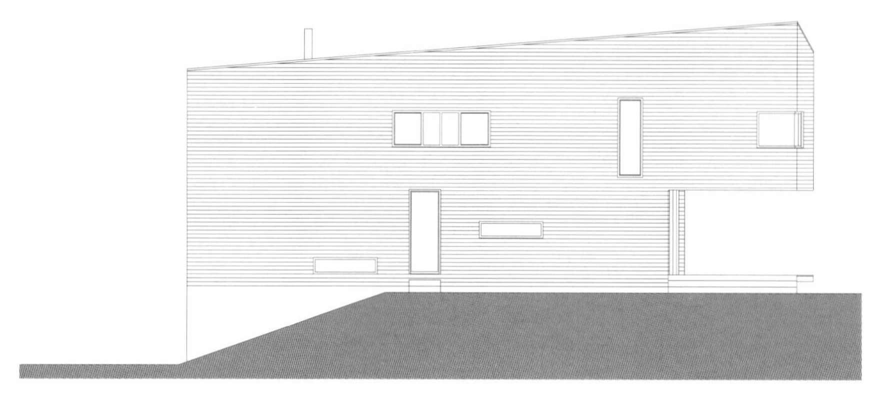

西面

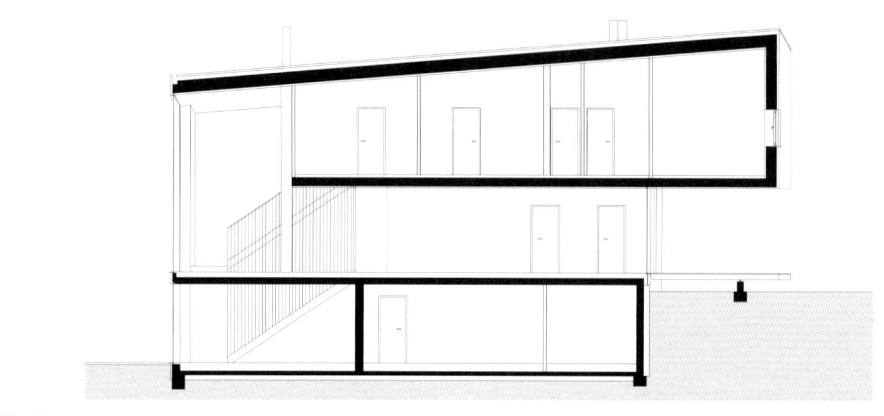

縱剖面

屋內大大小小的玻璃窗裁剪下的一張張窗外風景，全都成為設計的素材。

內貝薩山居小屋
（REFUGIO DE MONTAÑA NEBESA）

設計者：Rok Klanjscek

地點：斯洛維尼亞寇巴利（Kobarid）的里維克（Livek）

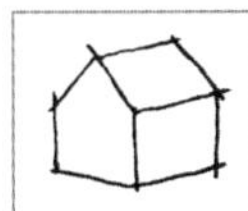
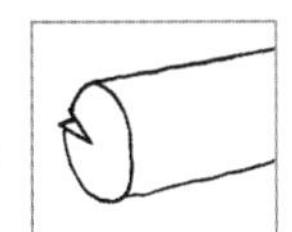

建案類型：度假村

面積：950 平方公尺

建造期程：24 個月

完工年份：2004 年

照片版權所有：Miran Kambic

斯洛維尼亞境內的內貝薩山，地處毗鄰寇巴利的里維克地區，山上有一群複合式度假別墅，由建築師 Rok Klanjscek 負責規劃設計，其整體造型與建築理念乃是以二十一世紀的現代化度假村為構想藍圖。在本建案當中，現代與傳統兩種極端的素材不僅同時並置，更和諧地融入周遭高山地景之中。美景環抱的度假別墅除了提供旅人擋風遮雨的棲身之處，同時也兼具觀景臺的功能。

度假村中的每一棟別墅都擁有獨一無二的觀景視角。放眼望去彷彿一間間透明布帳，可從多重角度眺望絕佳美景。大面積的玻璃落地窗輕巧地隔絕了室內外空

間，並營造出舒適愜意的休憩環境。

靜謐的里維克保護區之中，本建案一方面尊崇斯拉夫文化的民俗與傳統，另一方面又採用最前衛的建築技術。雖然採用的建材與當地古老木屋非常雷同，但卻不會危害建築物的堅固性與耐用程度。Rok Klanjscek 對當地的百年老建築進行仔細

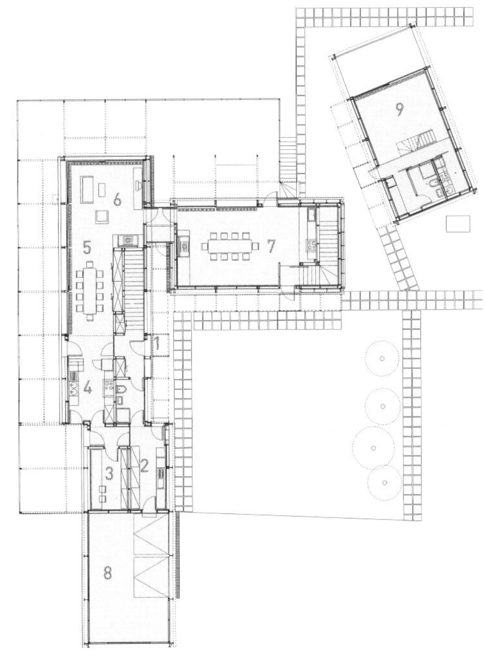

1 入口
2 倉庫
3 工作坊
4 廚房
5 飯廳
6 起居室
7 會議廳
8 停車場
9 平房

基層

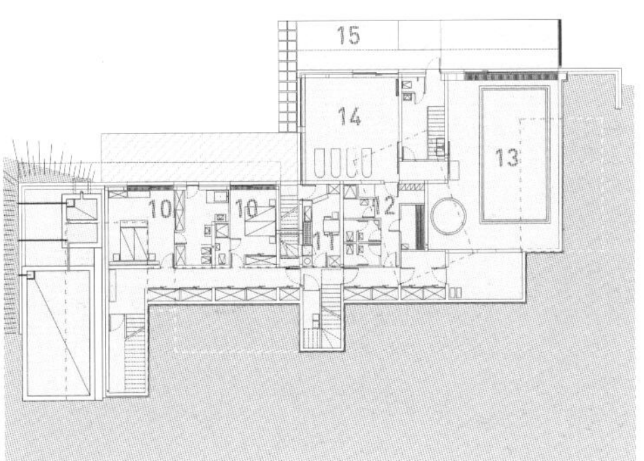

10 臥室
11 酒窖
12 水療區
13 泳池
14 健身房
15 露臺

地下樓層

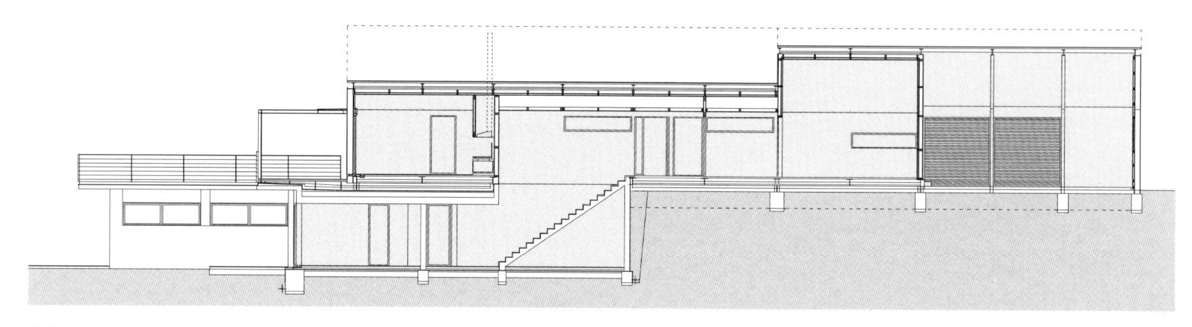

縱剖面

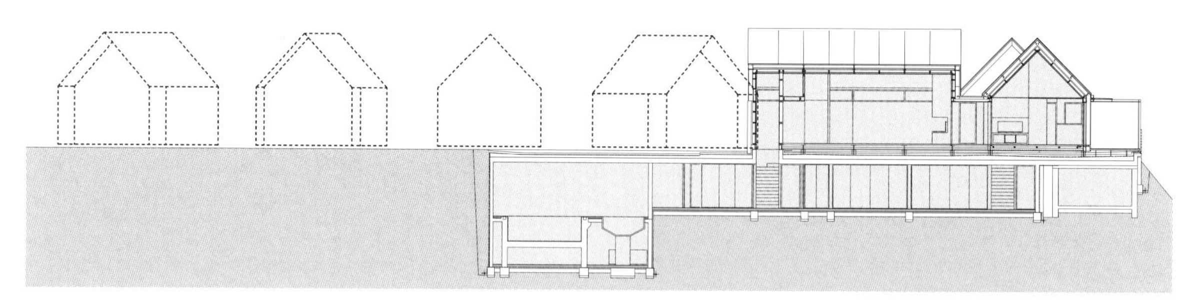

橫剖面

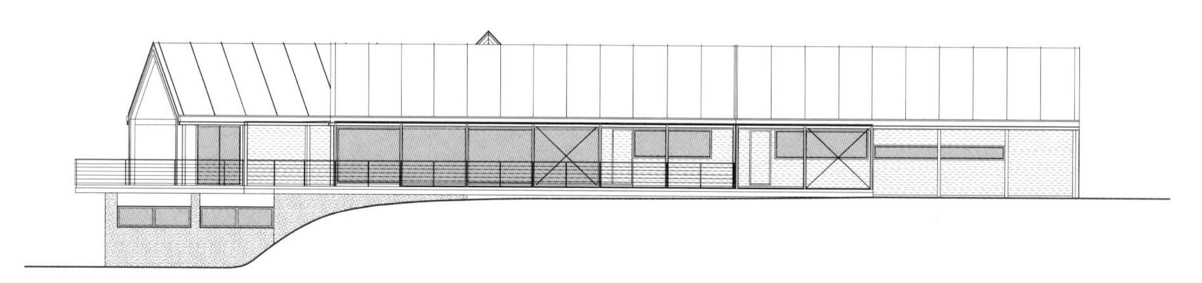

側視圖

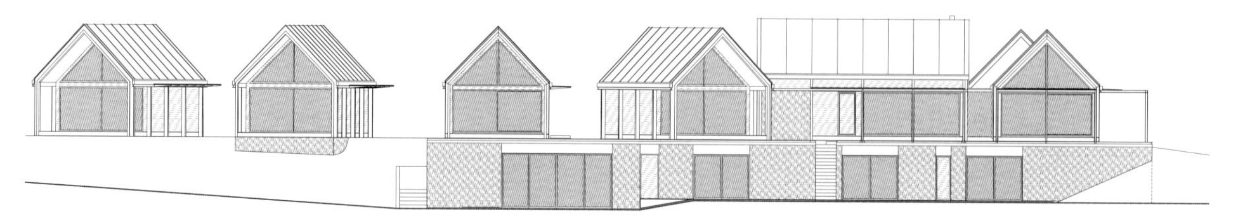

立面圖

地觀察，並以此為參考，發掘出高機能性的解決方案，當地石材與木材仍是最佳建材，也是建造度假村最安全的材料。

承續當地傳統文化積蘊而生的複合住宅群，訴說著純粹、明確而簡樸的建築語言。

度假村的建築重新構建了當地文化認同，並透過精心營造出的居家氛圍，巧妙地融入自然環境之中。不過，縱使如此，本建案採用了新式建築系統，依舊屬於當代建築的實踐，只不過在此同時，選用的是歷久彌新的傳統建材。

“數個世紀以來在本地建造出的建築為當地居民建構出最為安全、機能齊備與理性的住宅型態。”

這個建案受到哪些概念的啟迪？

我們所經手的建案，特別是座落在鄉村田野的案子，都深受地方風土建築的概念啟發。就內貝薩山間度假村的案子來說，建物位處斯洛維尼亞境內遺世獨立的山間一隅，我們於是從當地山區的農舍型式以及阿爾卑斯山典型的村落格局中獲得靈感來源。

地方風土建築與您經手的建案工程之間如何連結？

我們試圖在尊重地方傳統與當地建築歷史的前提下，透過當代建築語彙來表達設計的規模、都市密度、建築特徵與當地建材。

在我來看，奠基於傳統的靈感啟發、對傳統文化的尊重、對當地建築典型的考量，以及建材的選用（在本件案中所採用的建材為石材與木材）等要素，都是當代建築表現之所以能完美呈現的必要先決條件。

諾馬卡小屋（CABINA NORDMARKA）

設計者：Jarmund Vigsnæs Architects 事務所

地點：挪威諾馬卡（Nordmarka）

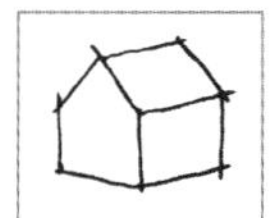
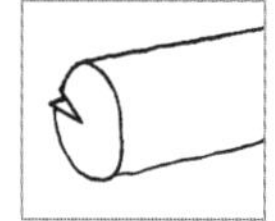

建案類型：獨棟住宅

面積：120 平方公尺

建造期程：12 個月

完工年份：2004 年

照片版權所有：Nils Petter

在挪威境內一處幽寂的森林深處，諾馬卡小屋靜靜佇立在荒僻的林間一隅。在為小屋進行設計時，Jarmund Vigsnæs Architects 工作室將建物的座向設計為坐北朝南，面迎一汪山巒環抱的湖泊，遠方的杳渺山影消逝在湖面彼端的地平線上。

小屋從裡到外，建築師採取一貫的幾何風格設計，鉅細靡遺而嚴謹。從牆面、天花板到位於室內中央的主要起居空間，作工之細緻，彷彿是一塊木材經由工匠的精雕細鏤而成。

冬季是諾馬卡小屋的住房旺季，住客多為前來附近滑雪勝地朝聖的滑雪愛好者。建築師打造出一棟兩層樓的住宅

建築，室內中央規劃有開闊的家居空間，從天窗灑落下來的和煦陽光照亮了基層的週邊區域與第一層空間。室內各部件的比例層次非常豐富，小至附床的小房間，大至天花板挑高設計的寬敞主廳。陽光透過主廳四周的空間，照入室內中央。小屋內寬敞的室內空間可容納

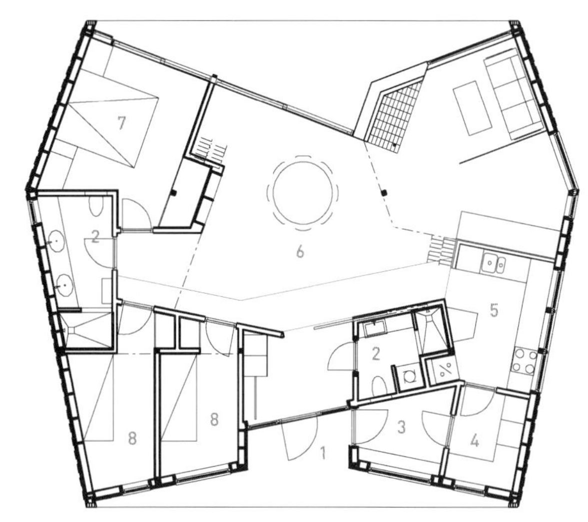

基層

1 入口
2 盥洗室
3 倉庫
4 食品儲藏室
5 廚房
6 起居室暨飯廳
7 主臥室
8 臥室
9 視聽室
10 設備間

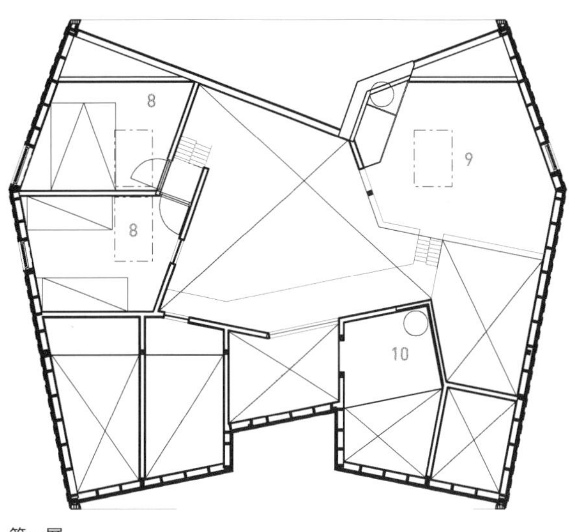

第一層

多人。

從窄小的私人空間與公共區域間的連結關係，可看出各個空間的視野景觀都仔細地被建築師納入設計的考量之中。在建材的選擇與用色方面，Jarmund Vigsnæs Architects 工作室嚴謹地遵循當地的傳統。包覆小屋外觀的屋頂採用的是染成深褐色的木材，為的是要與室內明亮的原色木材形成對比。

雖然諾馬卡小屋的外觀極為簡潔，但其結構相當堅實。在空間與採光方面，次要格局皆暨相通又可各自獨立於中央主廳之外。這種設計形似圓木屋後期所發展出的精緻格局，以主要起居空間的公共區域為中心，供全家人齊聚一堂，一邊享受溫暖的爐火，一邊閒話家常。

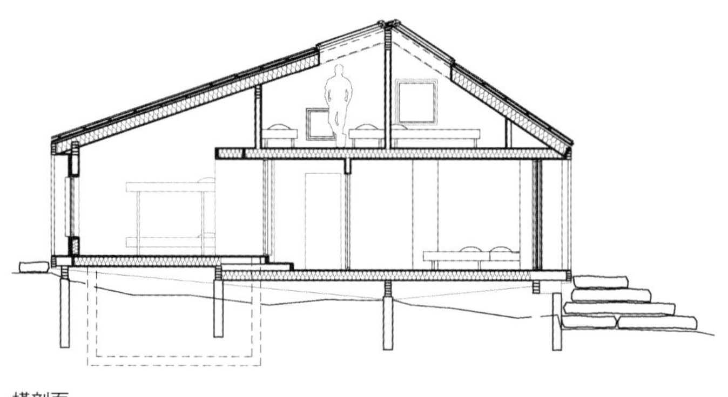

横剖面

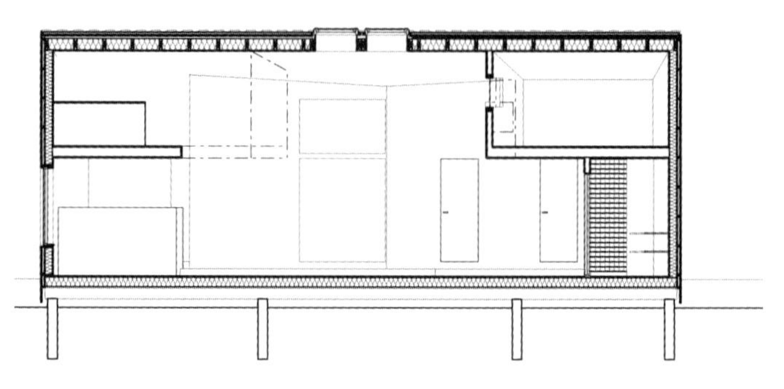

縦剖面

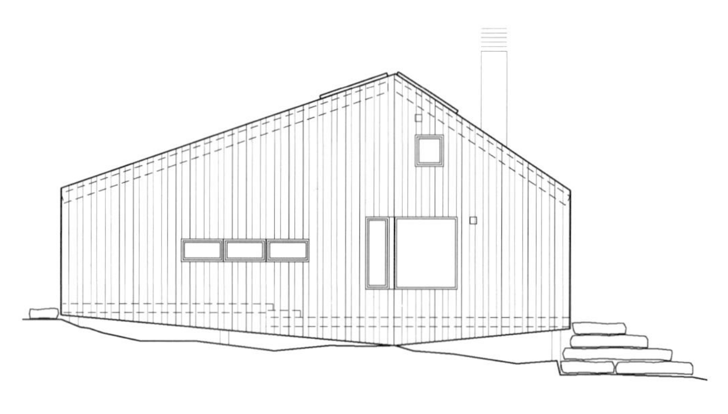

東面

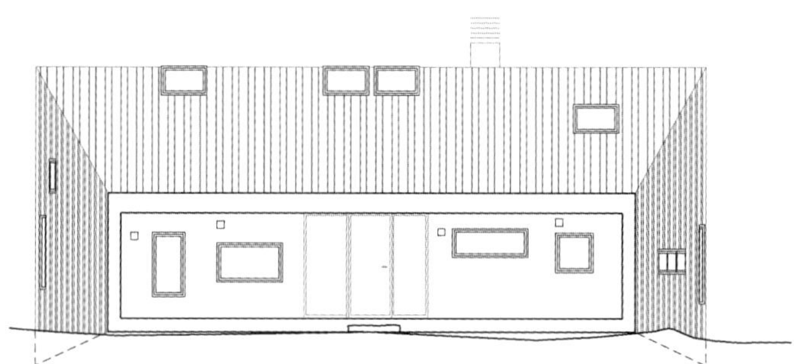

北面

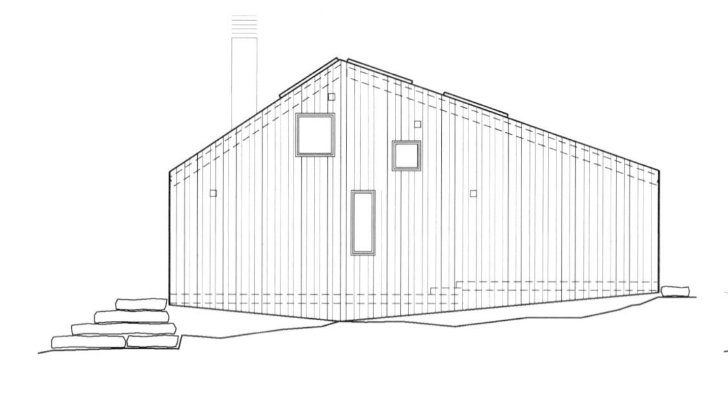

西面

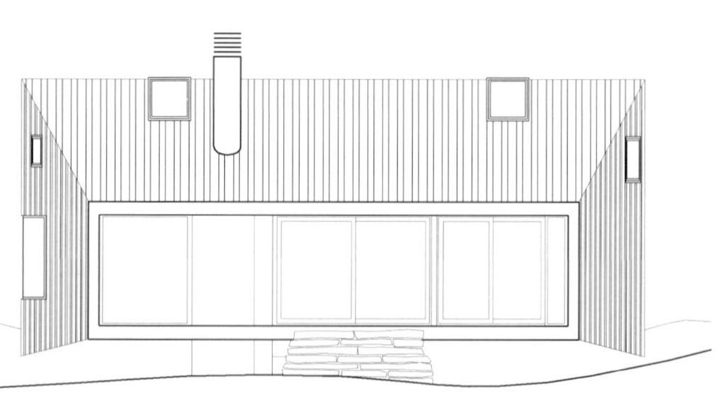

南面

弗拉維爾鄉間小屋 (CASA EN FLAWIL)

設計者：Meuron Architekten BSA 事務所的建築師 Markus Wespi Jérôme

地點：瑞士弗拉維爾（Flawil）

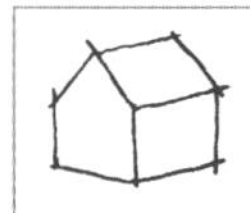

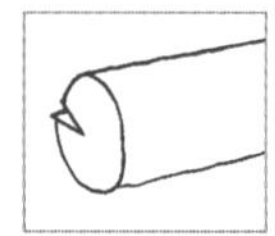

建案類型：獨棟住宅

面積：140 平方公尺

建造期程：9 個月

完工年份：2000 年

照片版權所有：Hannes Henz

在瑞士境內弗拉維爾農業區中，建築師們巧妙地利用一棟木質組合棚屋的殘垣，原地構築了一棟獨棟的田園小屋。建築師們希望這棟建築物在形式和外觀上，都能夠與當地其他的木屋建築和諧共存，避免突兀。基於這項理念，建築師團隊最高的設計原則，就是要使小屋看起來像是老早就在那裡了一樣。

原有的木質組合屋空間非常狹小，而唯一能稍加擴建的區域就是在南側的區域拓寬 1.5 公尺的空間。建築師們認為最好的解決辦法莫過於將南側的牆面全數拆除，改以窗戶取代，並使建築線外移至極限。此外，由於原始結構設計使然，另外

三堵牆上對外的門窗數量並不多，因此非常需要妥善利用太陽能。在沒有設置窗戶的區域，並排的水平木條組成緊密平面，南側的牆面同樣也飾以水平木條，不同的是，南側的木條間隙較其他牆面更為寬闊，屋主可透過木條間隙約略看到戶外的廣闊草原。為保留結構連繫關係，室內同

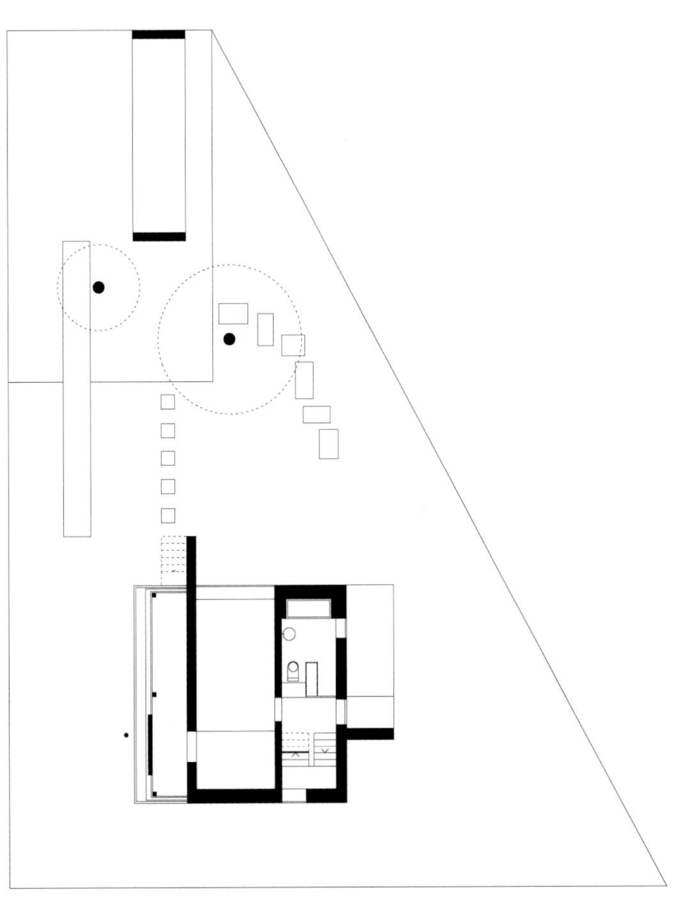

配置圖

樣也採用木材做為建材。而室內還有一條狹長的通道可通往前門。木條不僅能在炎炎夏日有效散熱，亦可以保護住家隱私。

從遠處觀之，這棟看似密不透風的田園小屋擁有當地傳統穀倉的外觀。無論是其外部的簡樸結構，或木料的選用，都是將歐洲早期圓木屋留存下的文化遺產加以修正改善過後的結果。

1 入口
2 盥洗室
3 客房
4 走廊

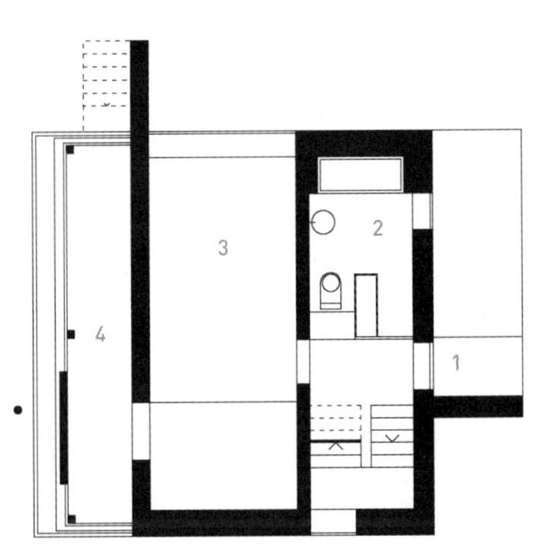

基層

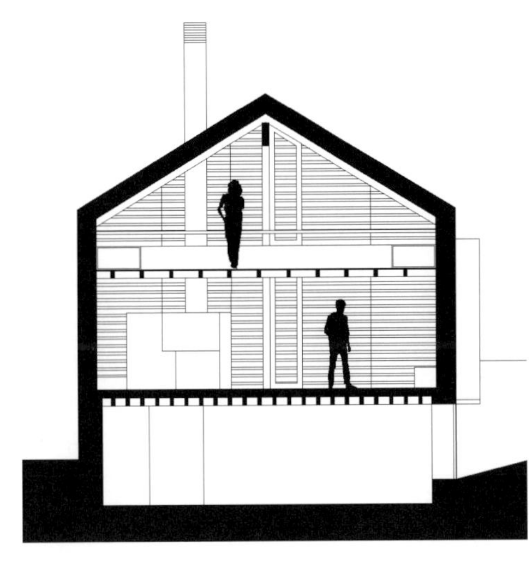

橫剖面

5 廚房
6 起居室

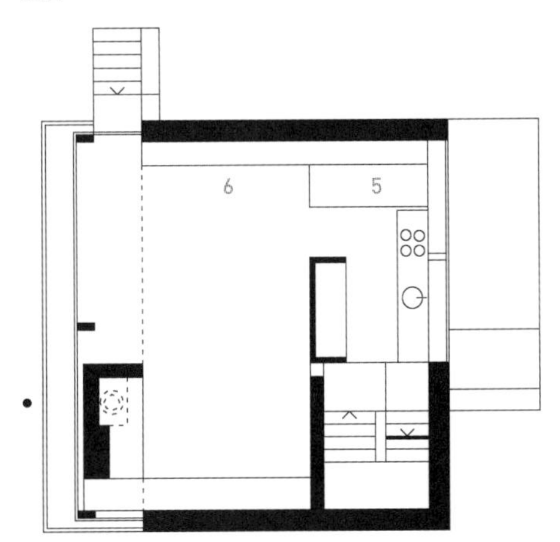

第一層

7 書房
8 臥室
9 採光平台

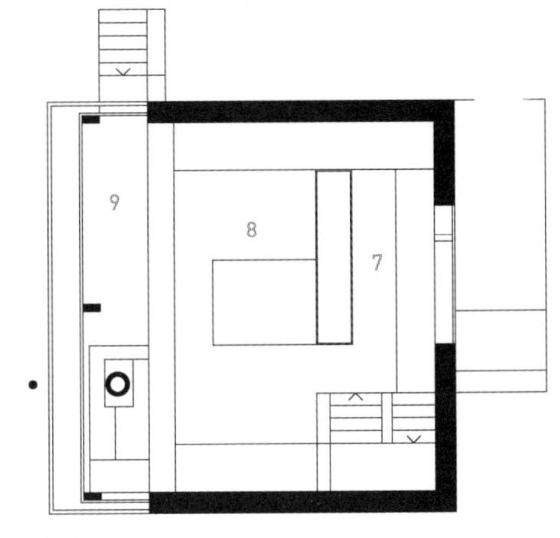

第二層

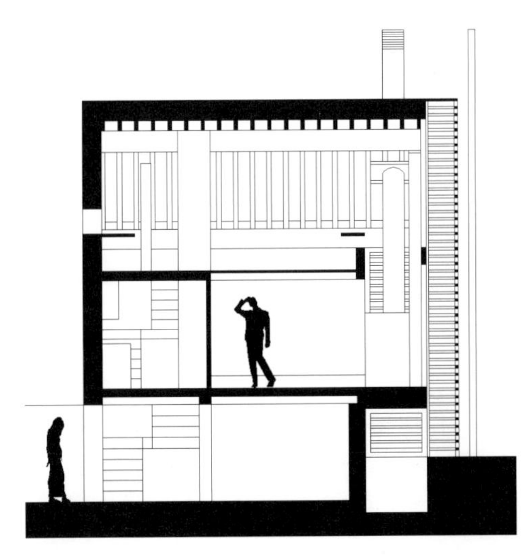

縱剖面

雖然建築物外觀看
起來密不透風，但
佇足室內長廊向外
望，仍可欣賞到戶
外景觀。

訪談 **Meuron Architekten BSA** 事務所的建築師 **Markus Wespi Jérôme**

> 創新的建築應該充分反映建造的當下。

弗拉維爾鄉間小屋的這個建案是受到哪些因素的啟發？

我們一直思索著能否仿擬傳統穀倉的型態，打造出一個具有在地色彩的小型建築。

在您的設計案中，對風土建築的觀察具有何等的重要性？

首先，我們試圖發掘出建築物本身或其所在環境的特質存在何處，接著再置入我們的想法，藉以豐富建築物多元呈現的可能性。

從風土建築可以學習到什麼？

風土建築與各類型建築都讓我們獲益匪淺。我們認為最重要的是尊重既有傳統，同時又避免不自覺落入一味摹仿的窠臼。

就您們的觀點而言，為何木屋已成為一種親切的風土住宅符號？

我想這可能是因為木材是一種能讓人們感到舒適又充滿安全感的材料。

滑雪別墅（CHALÉ DE ESQUÍ）

設計者：EM2N 建築師事務所

地點：瑞士境內弗倫薩貝格—塔能海姆（Flumserberg-Tannenheim）的卡弗利達（Cafrida）

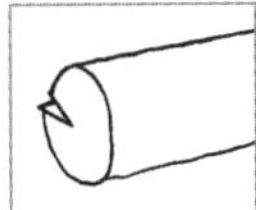

建案類型：獨棟住宅

面積：104 平方公尺

建造期程：12 個月

完工年份：2003 年

照片版權所有：Hannes Henz

瑞士阿爾卑斯山上有許多木造別墅，但放眼望去外觀皆大同小異，EM2N 建築師事務所的建築團隊企圖擺脫這種刻板的度假木屋典型，於是便在弗倫薩貝格的卡弗利達滑雪道旁構建一棟反其道而行的獨特木造別墅建築。

相形於周邊低矮的住宅，這棟垂直型設計的建築體可供屋主居高俯覽四周景色，視線不受遮擋，山光水色盡入眼簾。屋前渾然天成的山林即是別墅的前庭花園，還有一彎潺潺溪流蜿蜒其中。比起成員眾多的大家庭，這棟視野極佳又充滿未來感的木造別墅，看來更適合單身的高階企業主管。滑雪別墅的室內空間結構與一

般多隔間住宅截然不同，屋內為全開放連通式設計，無任一獨立封閉的房間，惟有機能各異的垂直型與水平型空間交錯配置。在本建案中，建築美感並非建立在建材的品質與細節雕琢上，而是在於可用空間的配置分布。在 EM2N 旗下的建築師眼中，阿爾卑斯山上的傳統木屋外觀設計

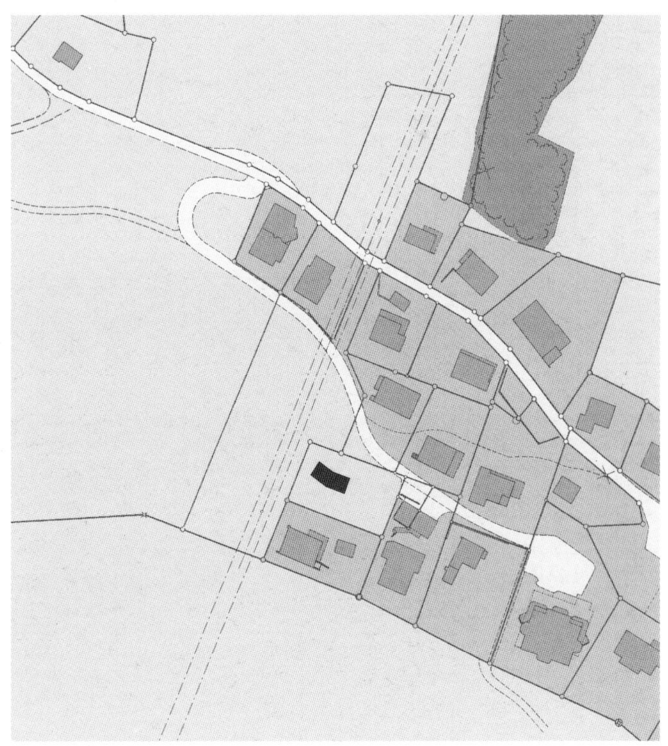

位置圖

了無新意，千篇一律的暗色調木材搭配小窗，放眼望去彷彿是一批批預鑄的組合屋一般，因此他們企圖打破這種無趣的「經典」設計。為了力求革新，建築師捨棄刻板的設計概念，改以現代感十足的表現手法做為媒介，透過賦予別墅特立獨行的設計創意，重新演繹並再現傳統圓木屋的文化價值。

在本建案中，各項精巧的部件成品以近乎「嘲諷」的方式，把玩著傳統瑞士木屋的建築型態、建材與尺寸比例。完工後的滑雪別墅充分發揮其卓越的地理優勢，彰顯出當地地形地貌之美，並和諧地融入周遭地景之中。

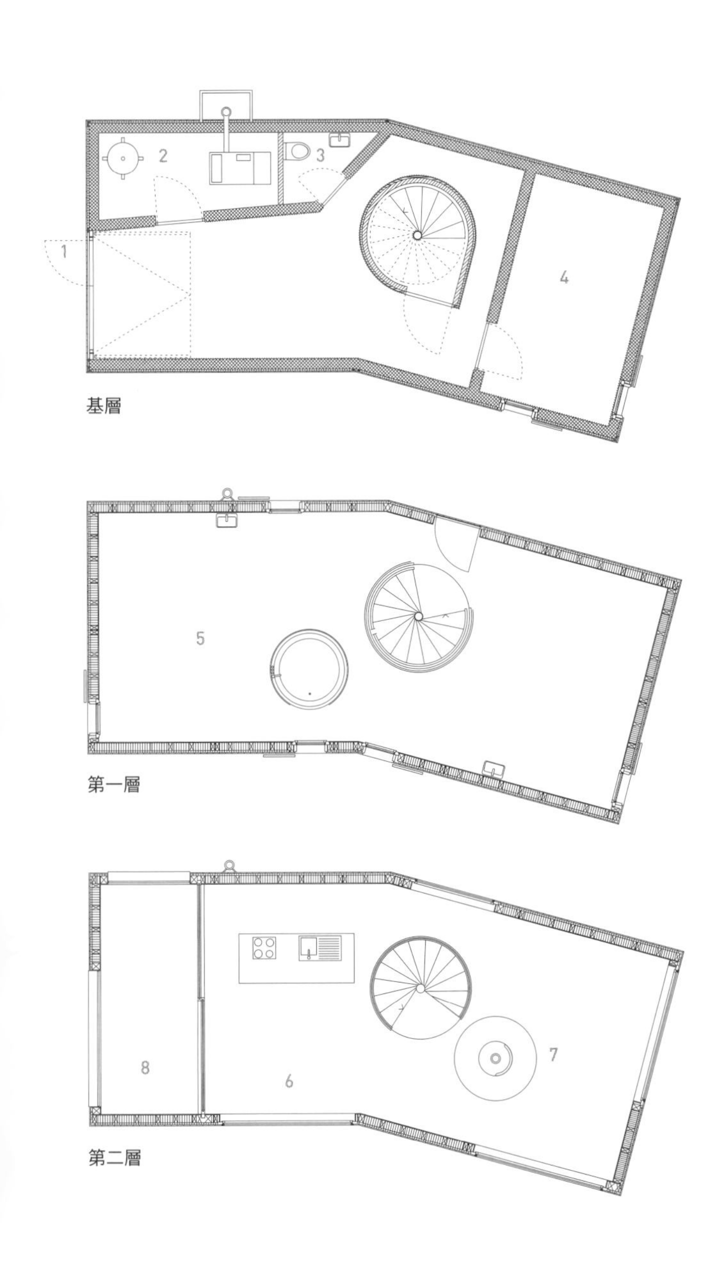

1 入口
2 廚房暨飯廳
3 廁間
4 臥室
5 浴室暨寢息區
6 廚房暨飯廳
7 起居室
8 陽臺

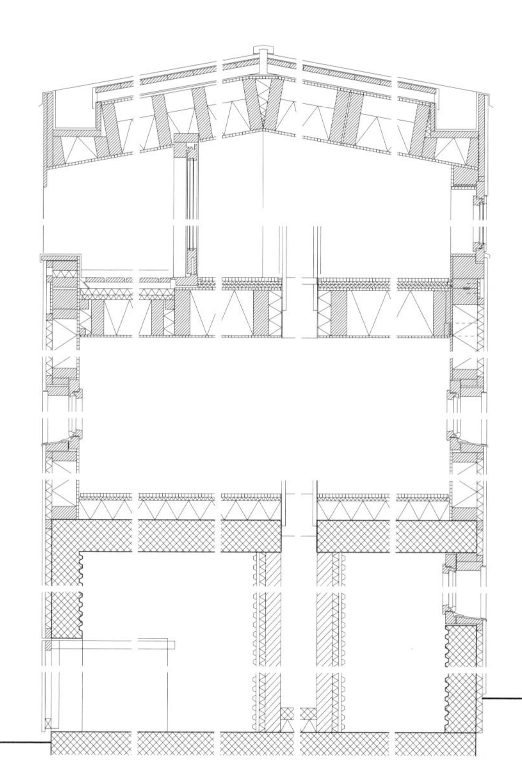

橫向結構剖面圖

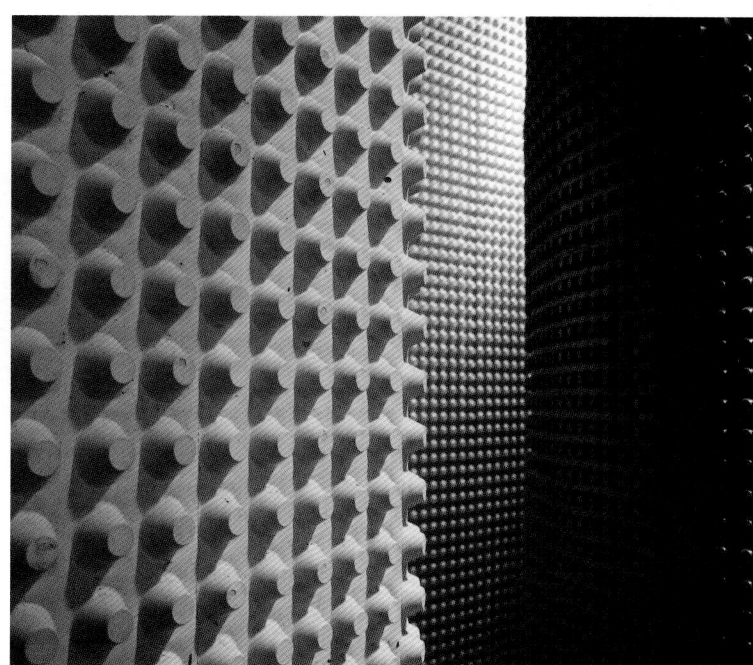

滑雪別墅內的各項
細部設計與修飾，
彰顯出整體建築營
造出的鄉間氣息及
其建造歷程。

“ 以風土建築作為設計發想時，我們應掌握幾項原則：保留質樸但不落於平淡；追求引人入勝但不囿於易識的表象；秉存傳統但不流於庸俗。 ”

在為滑雪別墅進行規劃設計時，您們是否從木屋建築汲取靈感？

在瑞士，傳統木屋的概念並不存在，因此我們轉而參考了穀倉與阿爾卑斯傳統棚屋等傳統建築，這些建築大多是以段木、石材、或石木並用之建材搭建而成。在十九世紀觀光度假村首度問世後，傳統旅舍的型態便逐漸式微，取而代之的是阿爾卑斯式建築。

我們樂於將在地文化傳統融入在我們所執行的建案當中。就滑雪別墅這個建案而言，所謂的在地文化傳統指的並不是遺忘許久的當地傳統，而是瑞奧境內阿爾卑斯山上別墅的建築濫調。我們以嘲諷的手法將這種陳腔濫調運用在更動建築內部的型式、比例、設計細部與空間配置。

對風土建築進行研究觀察在您們的建案當中具有何等重要性？

我們非常注重風土建築所具備的基本特質，例如建築與地方之間建立的關係，以及風土建築所傳達出的粗獷感等等。不過，我們並不認為懷舊式的建築能夠真正重建被人們遺忘許久的古樸風貌，或使人們誤以為能重回百餘年前的生活方式。雖然我們的建築存在於今日，但我們應該在我們所處的現實世界中，尋找建築的根源。

就您們的觀點而言，為何木屋如今已成為一種親切的風土住宅符號？

我想「大自然缺失症」的出現大概能夠解釋這個現象。阿爾卑斯山上舉目可見的木屋與別墅不過是缺乏創意的大批複製品，但如此無聊的建築濫調卻能編織出令人神往的純淨自然生活的綺麗幻想。在當今的全球化語境之下，甭說繼續擁戴這些重彈老調，我們反倒亟欲以嘲諷的方式加以摧毀。我們希望這棟滑雪別墅跳脫窠臼，它除了要能滿足「007 情報員詹姆士・龐德」的異想世界，同時還必須保有卡通「阿爾卑斯山的少女」（Heidi）中的傳統木屋特色。

圖像來源

封面

相片

美國國會圖書館 版權所有 © U.S. Library of Congress

平面圖：

© Rok Klanjscek

第 3-23 頁

地圖及插圖：

Montse Montero

相片：

第 24-139 頁

參考書目

Boericke, Art; Shapiro, Barry
Maisons de charpentiers amateurs américains
Chêne
1976

Boericke, Art; Shapiro, Barry
Maisons faites à la maison
Chêne/Hachette
1979

Hunt Ben
How to build and furnish a log cabin
Wiley
1974

Miller, Judith
Casa de madera
Blume
1998

Oliver, Paul
Dwellings: The venrnacular house world wide
Phaidon
2003

Shasmoukine, Annieñ Shasmoukine, Pierre
Construire en bois
Alternative et Parallèles
1980

Slavid, Ruth
Arquitectura en madera
Blume
2005

Upton, Dell
Common places: Reading in American Vernacular architecture
University of Georgia Press
1986

Weslager, C. A.
The log cabin in America
Rutgers University Press
1969

參考網站

美國國家公園管理局
www.nps.gov

維吉尼亞大學美洲研究中心
xroads. Virginia.edu/~UG97/albion/acabin.html

Camp Silos 組織
www.campsilos.org/mod2/teachers/r3_part2.shtm

美國資訊國際計畫
usinfo.state.gov/products/pubs/histryotln/expansion.htm

建築事務所列表

3RW Architects
PB 1131
5809 Bergen, Noruega
T: +47 55 36 55 36
F: +47 55 36 55 37
3rw@3rw.no
www.3rw.no

Bakker & Blanc Architectes
Rue des terreaux 5
1003 Lausana, Suiza
T: +41 21 311 95 27
F: +41 21 311 95 28
info@bakkerblanc.ch
www.bakkerblanc.ch

Broadhurst Architects
306 First Street
Rockville, MD 20851, Estados Unidos
T: +1 301 309 8900
F: +1 301 309 8915
jbroadhurst@broadhurstarchitects.com
www.broadhurstarchitects.com

Buro II bvba / Buro Interior bvba
Hoogleedsesteenweg 415
8800 Roeselare, Bélgica
T: +32 51 21 11 05
F: +32 51 22 46 74
info@buro2.be
www.buro2.be

El Dorado
510 Avenida César E. Chávez
Kansas City, MO 64108, Estados Unidos
T: +1 816 474 3838
F: +1 816 474 0836
nwoodfill@eldoradoarchitects.com
www.eldoradoarchitects.com

EM2N
Josefstrasse 92
8005 Zúrich, Suiza
T: +41 44 215 60 10
F: +41 44 215 60 11
em2n@em2n.ch
www.em2n.ch

Felipe Assadi
Carmencita 262, of. 202
Las Condes, Santiago 7550056, Chile
T: +56 2 234 5558
info@assadi.cl
www.felipeassadi.com

Hertl Architekten
Zwischenbrücken 4
A-4400 Steyr, Austria
T: +43 7252 46944
F: +43 7252 47363
steyr@hertl-architekten.com
www.hertl-architekten.com

Jarmund Vigsnæs Architects
Hausmannsgate 6
0186 Oslo, Noruega
T: +47 22 99 43 43
F: +47 22 99 43 53
jva@jva.no
www.jva.no

Markus Wespi Jérôme de Meuron Architekten BSA
Keine Strassenbezeichnung
6578 Caviano, Suiza
T: +41 91 794 17 73
F: +41 91 794 17 73
info@wespidemeuron.ch
www.wespidemeuron.ch

Rok Klanjscek
Tovarniska 17
1000 Ljubljana, Eslovenia
T: +386 41 773139
F: +386 1 5852672
rok.klanjscek@real-eng.si

Taylor_Smyth Architects
354 Davenport Road, Suite 3B
Toronto, ON M5R 1K6, Canadá
T: +1 416 968 6688
F: +1 416 968 7728
info@taylorsmyth.com
www.taylorsmyth.com

Verdickt & Verdickt Architecten
Oranjestraat 44
2060 Amberes, Bélgica
T: +32 3 233 83 51
F: +32 3 233 83 52
info@verdicktenverdickt.be
www.verdicktenverdickt.be

Vidal & Sant'Anna Arquitetura
José Eusebio 95, casa 110
01239 030 São Paulo, Brasil
T: +55 11 3214 6102
F: +55 11 3256 2977
vsarquitetura@vsarquitetura.com.br
www.vsarquitetura.com.br

木屋考——從風土建築到當代建築

作　　者　阿雷漢德羅・巴蒙（Alejandro Bahamon）
　　　　　安娜・比森思・索蕾（Anna Vucens Soler）
譯　　者　陳柏蓉
責任編輯　李華
文字審校　古晏宗

發 行 人　凃玉雲
總 編 輯　王秀婷
行銷業務　黃明雪、陳志峰
版　　權　向艷宇

出　　版　積木文化
　　　　　104台北市民生東路二段141號5樓
　　　　　電話：(02) 2500-7696｜傳真：(02) 2500-1953
　　　　　官方部落格：www.cubepress.com.tw
　　　　　讀者服務信箱：service_cube@hmg.com.tw
發　　行　英屬蓋曼群島商家庭傳媒股份有限公司城邦分公司
　　　　　台北市民生東路二段141號2樓
　　　　　讀者服務專線：(02)25007718-9｜24小時傳真專線：(02)25001990-1
　　　　　服務時間：週一至週五09:30-12:00、13:30-17:00
　　　　　郵撥：19863813｜戶名：書虫股份有限公司
　　　　　網站：城邦讀書花園｜網址：www.cite.com.tw
香港發行所　城邦（香港）出版集團有限公司
　　　　　香港灣仔駱克道193號東超商業中心1樓
　　　　　電話：+852-25086231｜傳真：+852-25789337
　　　　　電子信箱：hkcite@biznetvigator.com
馬新發行所　城邦（馬新）出版集團 Cite（M） Sdn Bhd
　　　　　41, Jalan Radin Anum, Bandar Baru Sri Petaling, 57000 Kuala Lumpur, Malaysia.
　　　　　電話：(603) 90578822　傳真：(603) 90576622
　　　　　電子信箱：cite@cite.com.my

封面設計　許瑞玲
內頁排版　優克居有限公司
製版印刷　上晴彩色印刷製版有限公司

城邦讀書花園
www.cite.com.tw

Original Spanish title: Cabañas
Text: Alejandro Bahamón, Anni Vicens Soler
Graphic Design: Montse Montero, Soti Mas-Bagá
Photographies:

Published by Parramon Paidotribo, S.L., Badalona, Spain

2013年（民102）5月2日　初版一刷
售　價／NT$480
ISBN 978-986-5865-12-2

國家圖書館出版品預行編目資料

木屋考：從風土建築到當代建築 / 阿雷漢德羅.巴蒙(Alejandro Bahamon), 安娜.比森恩.索蕾(Anna Vucens Soler)作；陳柏蓉譯. -- 初版. -- 臺北市：積木文化出版：家庭傳媒城邦分公司發行, 2013.05
　面；　公分
　譯自：Cabana
　ISBN 978-986-5865-12-2(平裝)
　1.建築物構造 2.木工

441.553　　102006785